高等院校艺术学门类「十三五」规划教材

JIAOHU JIEMIAN SHEJI

交互界面设计

主审　陈汗青

编著　康帆　陈莹燕

参编　余日季　黄隽　张大庆

　　　陈倩　吕金龙　龙燕　张君丽

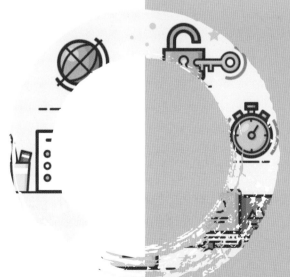

华中科技大学出版社

http://www.hustp.com

中国·武汉

图书在版编目(CIP)数据

交互界面设计/康帆,陈莹燕编著.—武汉:华中科技大学出版社,2019.1(2023.1 重印)
ISBN 978-7-5680-3964-2

Ⅰ.①交… Ⅱ.①康… ②陈… Ⅲ.①人机界面-程序设计-高等学校-教材 Ⅳ.①TP311.1

中国版本图书馆 CIP 数据核字(2018)第 162448 号

交互界面设计
康 帆 陈莹燕 编著
Jiaohu Jiemian Sheji

策划编辑:袁 冲
责任编辑:张会军
封面设计:孢 子
责任校对:李 弋
责任监印:朱 玢
出版发行:华中科技大学出版社(中国·武汉)　　电话:(027)81321913
　　　　　武汉市东湖新技术开发区华工科技园　　邮编:430223
录　排:华中科技大学惠友文印中心
印　刷:武汉科源印刷设计有限公司
开　本:880mm×1230mm 1/16
印　张:6
字　数:180 千字
版　次:2023 年 1 月第 1 版第 4 次印刷
定　价:39.00 元

前言

JIAOHU JIEMIAN SHEJI

随着移动智能终端和移动互联网的普及,手机应用已经渗透到我们生活的各个方面。界面设计、交互设计行业也炙手可热,大量设计人员涌入界面设计行业,但是能将交互设计作为一种行为科学实践,同时站在界面设计和交互产品层面思考的设计开发人员极度缺乏。很多设计专业的毕业生加入新媒体公司后仅仅成为"美工",对整个APP开发流程可以说是零参与,对用户体验也不够关注,交互界面设计仅仅停留在配色设计或者界面规范应用的层面上。笔者近些年一直从事交互界面设计的教学工作,基于让学生在交互界面设计上有专长、以人为中心的产品设计上有深刻感受的出发点,在教材的选定上颇费周折。国内的交互设计、界面设计书籍多为国外经典著作的译著或界面设计案例的罗列,不适合作为系统的交互界面设计专业教材使用,在此背景下笔者编写了本书。

交互设计是以人为中心的设计方法,本书通过理论结合案例的方式,从用户研究、交互设计方法到界面规范等内容进行了全面的讲解。各阶段的课程结合课题训练,起到了带动学生从理论到交互设计的核心知识应用上的作用,具有较好的教学指导价值。本书知识点较为全面,每个章节都有对应的课题训练,能够较好的带动教学实践。本书适合数字媒体设计、产品设计、视觉传达设计专业的师生作为教材或教辅书籍使用,笔者还建立了武汉轻工大学数字资源课程"交互界面设计",可与本书配套使用。

全书共分为5章,第1章为交互界面设计概述、第2章为用户研究、第3章为交互设计方法、第4章为品牌与用户界面设计、第5章为健康类APP交互界面设计案例。武汉轻工大学艺术与传媒学院将健康设计作为学院特色办学内容,因此在教学项目的设置上围绕学院建设目标进行了主题项目开发设计。全书共18万字左右,其中康帆完成16万字左右,陈莹燕教授完成2万字左右。

本书的主审人为二级教授、博士生导师陈汗青教授,陈教授曾任武汉理工大学艺术与设计学院院长、教育部高校工业设计专业指导委员会委员、教育部高校艺术硕士专业指导委员会委员、中国建设环境艺术委员会副会长、湖北省教育学会艺术设计专业委员会理事长等职。陈教授是我校艺术与传媒学院"常青学者"特聘教授,在百忙之中对本书的修订提出了很多宝贵意见,更捐资30万元人民币设立"汗青艺术教育奖励基金",本书也受到了"汗青艺术教育奖励基金"的资助,在此表示由衷的感谢。

参与本书编写的还有湖北大学的余日季老师、中南民族大学的黄隽老师、长江大学的张大庆老师、武汉轻工大学的张君丽老师、河南财经政法大学陈倩老师、武汉体育学院的吕金龙老师、武汉科技大学的龙燕老师,感谢共同编写的老师们与笔者一起讨论大纲,并给予提供案例、整理图片等帮助,也对所有优秀学生作业的提供者一并表示衷心的感谢。希望通过本书,与各界人士交流学习。

最后,本书也受到了湖北省人文社会科学重点研究基地"湖北大学文化科技融合创新研究中心"的资助。

康帆于武汉轻工大学

2018 年 11 月

目录

JIAOHU JIEMIAN SHEJI

39　第 4 章　品牌与用户界面设计

71　第 5 章　健康类 APP 交互界面设计案例

85　附录

89　参考文献

90　结语

第1章

交互界面设计概述

JIAOHU JIEMIAN SHEJI GAISHU

对于生活在信息时代的我们,数字革命已经对我们的生活、工作、娱乐方式产生了巨大的影响。在设计界,数字技术与人们生活方式变化的影响已经蔓延到设计实践并产生了新的契机,新的设计流程与规则被建立的同时带来了一系列亟待解决的挑战与问题。随着智能设备与移动互联网技术的发展成熟,智能手机应用应运而生,并成为当今对人们影响最大的产品之一。手机应用的大量需求带动了智能手机应用教育的发展,但是,目前国内各院校还没有设立相对健全的交互界面设计专业,交互界面设计仅仅作为数码设计或者平面网页设计的一部分,这仅有的资源对培养优秀的设计师是不够的,系统地对手机应用交互与界面设计原理、设计流程、设计技巧、设计规范进行梳理显得尤为重要。

1.1
交互设计基本概念

1.1.1　什么是交互设计

作为一门关注交互体验的新学科——交互设计,最早是由 IDEO 的创始人之一比尔·摩格理吉(Bill Moggridge)在 1984 年的一次设计会议上提出的,一开始交互设计被命名为 Soft Face(软面),后来更名为 Interaction Design,即交互设计。交互设计本着以人为本的用户需求,可以从可用性和用户体验两个方面对目标进行分析。

交互设计的前提是我们设计的产品能够让用户达到自己的目标,让他们感到满意、高效、愉悦,愿意购买产品并推荐给他人。如果能以较为合算的成本实现上述目标,就能取得商业上的成功。交互设计的思维方式是在工业设计中以用户为中心的方法的基础上加以发展的,它更多的是面向行为和过程,把产品看作一个事件,强调过程性思考的能力,流程图、状态转换图与故事板等是其重要的设计表现手段,更重要的是掌握软件和硬件的原型实现的技巧方法和评估技术。

简而言之,交互设计是以人的需求为导向,理解用户的期望与需求,理解商业、技术以及业内的机会与制约。基于以上的理解,创造出内容形式有用、易用,能够给用户带来良好交互体验且具有商业价值的产品,如图 1-1 所示。

在很多情况下,设计项目需要注意多学科的协同合作。交互设计之父 Alan Cooper 认为,数字产品的用户体验设计应关注以下三个方面,即形式、行为和内容。交互设计关注行为的设计,也关注行为如何与形式和内容产生联系。类似地,信息架构关注内容的结构,但同时也关注用来访问内容的行为,以及内容以何种形式呈现给使用者。工业设计和图形设计关注产品的服务形式,但也要保证这种形式必须要支持产品的使用,这就意味着也要关注行为和内容,如图 1-2所示。

1.1.2　交互设计的范畴

交互设计的范畴包括用户研究、用户与界面关系的研究、界面视觉设计研究。界面设计不是单纯的好看与否的问题,它需要定位使用者、使用环境、使用方式并且为最终用户而设计,是纯粹的、科学性的艺术设计。检验一个界面是否合格的标准,既不是某个项目开发组领导的意见,也不是项目成员投票的结果,而是最终用户的感受。所以界面设计要和用户研究紧密结合,它是一个不断为最终用户设计出满意的使用体验和视觉效果的过程。

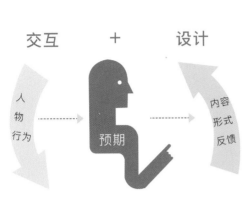

图 1-1　何为交互设计

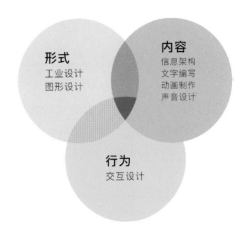

图 1-2　交互设计多学科融合

1. 用户研究

设计者开发的软件产品最终都是为人服务的,所以我们做交互设计,必须研究人,研究目标用户,要了解用户的需求,明确用户使用我们的产品可以解决哪些问题等等,以人为中心的交互设计如图1-3所示。

2. 用户与界面关系的研究

用户与界面关系即人机交互,是对如何让用户更好、更便捷使用软件的研究,就是我们常说的"易用性"。从事该工作的人,我们通常称之为交互设计师,其主要的工作内容包括设计软件的操作流程、树状结构、软件的结构与操作规范等。一个软件产品在编码之前需要做的就是交互设计,并确立交互模型、交互规范。

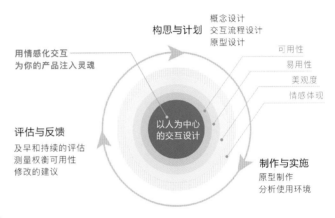

图 1-3　以人为中心的交互设计

3. 界面视觉效果研究

目前,国内大部分界面设计工作者都在从事交互设计,也有人称他们为"美工",但实际上,界面设计师并不是单纯意义上的美术工人,而是软件产品的产品外形设计师,通过图标设计、颜色搭配、编排设计等引导用户顺畅的完成交互流程,达到软件产品的使用目的,并让用户在此过程中获得审美体验。

1.1.3　交互界面设计的范围

交互界面设计的范围很广,包括计算机的软件界面设计,比如操作系统、软件界面、网页、多媒体光盘等;手机 APP 界面设计;数字电视界面设计;空调、电视机等家电遥控器上的界面设计;银行、通信等柜员机上的界面设计等。本书重点介绍手机 APP 的界面设计。

1.1.4　交互设计师的知识体系

交互界面设计团队中每个人都有相应的作用:信息构建师创造交互结构、用户体验设计师规划用户体验、程序员负责程序编码、平面设计师负责视觉层级构建。在团队中,设计师和程序员的培养是截然不同的,他们在思考问题的方式和角度上有着很大的差异,有人形容设计师和程序员一个来自火星,一个来自金星,永远对立。这是一种狭隘的看法,这种看法贬损了团队中不同专业对好的界面设计的贡献,没有认识到团队合作对于设计的重要性。

优秀的设计师应该是"T"型设计师,即他们除了在本专业领域有深厚的知识储备,能够自信的阐述与其他不同领域专家团队工作的不同意见外,还应具有相关领域的知识储备,包括对社会文化、政治、伦理、生态、经济,以及对技术的理解。交互界面设计师应具备的知识体系如图1-4所示。

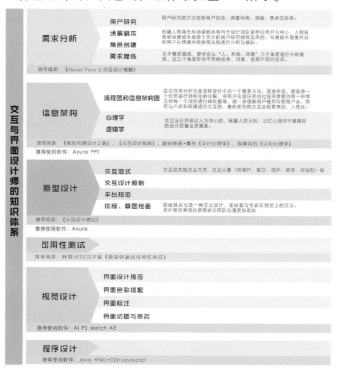

图1-4 交互界面设计师应具备的知识体系

1.2
交互界面设计流程

一般而言,交互界面设计流程可以分为设计研究阶段、产品定位阶段、原型设计阶段、细化交互界面设计阶段、测试评估与优化阶段等。

1.2.1 设计研究阶段——需求发现

设计研究阶段的主要任务是发现用户体验价值创新或优化的机会点,确定产品不同于其他同类产品的核心价值点。

思考产品目标——明确做这个产品的目的是为了帮助谁解决什么问题,或带来什么价值。

用户研究——明确用户是谁,典型使用场景是什么,目前存在哪些问题和机会。可能用到的用户研究方法包括问卷调查法、情境访谈法、用户画像法、体验地图法、用户观察法、日志法、焦点小组法等。

行业现状研究——通过桌面研究了解产品所在行业发展现状和趋势,以及我们的产品可能在市场中处于什么位置。通过竞品分析,分析市场上典型竞争对手的服务情况,详细分析竞品的产品策略、功能架构、设计重点等内容,找出我们的特色突破点,为后期设计提供依据。利用启发式评估对已有的产品进行评估,评测现有产品的可用性和易用性,从而发现问题。

在此阶段要避免臆想需求或功能堆砌。这就需要进行用户研究、技术趋势分析和结构性思考,生成和筛选创意,并完成核心功能的浓缩归纳。

1.2.2 产品定位阶段——概念设计

产品定位阶段研究如何设计产品概念模型,以帮助用户建立对产品核心功能的正确认知和使用动机。

结合前期用户研究的结果,定义为哪些用户群体解决什么问题,分析典型场景及用户需求,定义产品功能。

确定目标用户群的属性和特征——包含用户人种学特征、消费偏好、审美偏好、操作偏好等。为后期的交互原则和视觉设计风格提供设计指导。

分析典型使用场景——用户在什么时间、地点和环境下使用,用户目标是什么,现存的问题有哪些。

需求分析——分析目标用户在典型场景下遇到的问题,挖掘潜在的用户需求,确立产品目标,使之后的设计方向和重点有针对性。

功能定义——定义产品基本功能和最主要的功能,输出功能框架图。必要时,可使用卡片法确定功能框架。

此阶段主要采用的研究工具有故事板和视频草图,用来建构产品快速原型,验证未来产品的互动性。

1.2.3 原型设计阶段——系统设计

原型设计阶段是在概念设计的基础上根据典型用例,采用分屏方式描述设计对象的功能和行为。

这一阶段的目的是针对关键功能的概念设计、界面设计,寻找多种可能的解决方案,确定现阶段最优的关键功能设计方案。

针对用户在某一典型场景下的任务,使用故事板进行目标分解。设计团队成员可以坐在一起发散思路,对各种可行的方案进行筛选并优化,将概念模型转化为视觉的线框图,并定出最符合用户心理的交互概念方案。

此阶段主要采用的研究工具为低保真纸膜。

1.2.4 细化交互界面设计阶段——细节设计

在线框图的基础上就可以完成布局优化、视觉设计和动画设计。具体的交互界面设计产出物为:①详细的功能框架图或功能列表;②交互逻辑流程图;③交互说明文档,包括所有状态的交互页面、交互说明和交互规范;④界面设计图与切图。交互设计师可以利用 Axure RP、墨刀等可视化交互设计软件进行高保真交互原型设计,方便评审和反复讨论修改,并在这个评审和修改的过程中不断细化、完善方案。

1.2.5 测试评估与优化阶段

交互原型输出后,设计师需要进行内部测试,可以针对用户进行可用性测试,可用性测试实验室如图 1-5 所示。测试方法有 A/B test,5 秒测试等。测试的目的在于发现用户在使用产品过程中可能出现的问题、获取用户对设计的反馈信息。测试和评估结果将作为设计修改的数据支撑,在完善设计后实现快速迭代。

交互设计是一种行为学实践,要融合设计和计算机思维,每一个新交互界面或新产品的产生都可以被看作是一项行为学实验,习惯在这个层面上思考的开发人员极度缺乏。

图 1-5　可用性测试实验室

1.3

案例分析:支付宝用户体验设计流程的 10 个环节

1. 分析业务流程和场景问题

在讨论中描述线下业务流程,说明用户碰到的场景问题。根据这些问题,规划功能,定义产品目标。比如,支付宝诞生的场景分析:在一手交钱一手交货的年代,买家用户担心付了钱,收不到货;商户卖家担心商品发出了货,收不到钱。这时候急需解决的问题就是买家用户和卖家用户的交易信任问题。

2. 明确产品目标

优先明确产品的目标是为了解决哪些问题。互联网产品迭代,大部分是因为有了新的需求。比如:支付宝最初的设计目标是为了服务淘宝网的线上支付,起到买家和卖家之间的资金中转站的作用。

3. 分析产品功能

分析用户需要产品的哪些功能,从而实现产品设计的目标。例如,支付宝为了实现线上支付的目标,需要具备的功能有:买家用户需要把钱从银行卡转入支付宝个人账户;买家在线上购物时把钱转到支付宝,支付宝在买家确认收货时把钱转入卖家商户,在买家申请退货时,支付宝把钱退回买家用户;卖家商户需要钱时从支付宝账户提现。除了这些基础功能,还有一系列其他的功能。

4. 整理产品信息

明确信息的分类方式,把信息归类。例如,美团网需要对商家进行分类:一级分类是商家类型,有美食、电影、酒店、休闲娱乐等;二级分类是商家列表,包括商家图片、商家名称、商家星级、商家主营业务、商家位置、商家的优惠信息等;三级分类是商家的商品列表和套餐列表;四级分类是支付页面的支付信息,包括消费总额、优惠券、代金券、折扣券、实付金额、支付方式等。

5. 分析界面流程

用户操作界面的流程需要和用户线下真实流程相匹配,这样就可以在线上模仿线下的流程,从而降低用户的认知成本。例如:线下交易流程是用户在百货商场里找商品,然后放入购物车,接着到收银台结账付款。对应到线上的流程就是:用户在天猫等电商首页点击商品图片后,在商品详情页获得商品详情,然后用户把感兴趣的商品放入购物车,最后去结账付款。

6. 线框图交互设计

交互设计包括信息图文的布局,页面的按钮和导航的位置。开发实现越容易,用户操作越简单,信息架构越清晰,页面打开越流畅的交互设计,就是好设计。

7. 界面视觉设计

优秀的界面视觉设计的标准是,产品上线之后的视觉效果是否要比界面原先的设计更清晰、更美观,用户想完成操作时界面能否迅速引导用户找到所需的按钮。大部分产品的界面视觉设计,都是界面效果图很好看,真正上线之后,就存在种种问题。例如,布局太满导致视觉疲劳,颜色太多导致视线分散,信息分类不清晰导致难以理解,文字太小导致难以辨认,效果太炫导致实现起来难度很大等等。

8. 跟进开发过程

开发的过程中,会发现有些页面的逻辑考虑不周,需要重新设计页面。例如,账单页面的设计,需要考虑的边界问题有商家优惠信息的展示,第三方支付的优惠信息展示,卖家商户的账单展示,买家商户的账单展示,第三方支付的账单展示,退款时的账单展示等等。

9. 测试优化

测试包括给指定人员分配测试账号和密码进行操作测试。后台系统的产品测试、集成环境测试、小范围的灰度测试、白名单测试等。

10. 推向市场,小范围测试,快速迭代

收集用户的使用场景,以及用户使用过程中暴露的问题,整合成新的需求列表,排定优先级,然后进入一轮版本迭代。统计界面流程上每一步的流量转化情况,一般在支付页面,流量转化率都不高,这时候需要把发现的问题,再整合成新的需求列表,排定优先级,进入下一轮的版本迭代。

上面的 10 个环节,阐述了完整的 UED 流程,可以让产品设计的着重点,从单点的体验设计转向全流程的服务设计。

1.4

课堂训练:选题的确定

作业提示:请从目标用户需求出发,确定一款 APP 设计选题。

课堂训练说明:

用户体验设计是一种以用户为中心的设计方法,它从用户语境的视角考虑用户的体验。在考虑用户需求的时候,设计师必须要考虑设计的应用语境。

该课堂训练最适合 3~4 人的小团队,每个团队要有 1 名计时员和 1 名书记员,还要准备便利贴。

步骤一:头脑风暴(限时 10 分钟)

以小组形式讨论,要求团队每个成员提出生活中遇到的需要解决的问题,或者生活中感到的不便利以及一

些不好的体验,把它们写在便利贴上,并粘到速写本上,再从中筛选出一个大家都认可的问题或者方向。

步骤二:用户(限时 10 分钟)

已经有了选题,现在要考虑可能适合该选题的特定人群。在每张便利贴上写下一组用户群,然后随机选择一组:

①在读大学生;

②职场新人;

③职场精英;

④无业人员。

讨论每组用户群的特征,然后对 APP 功能进行调整,给用户更好的体验。

步骤三:语境(限时 10 分钟)

有了选题与人群,接下来要考虑使用语境了。在便利贴上写下所列语境,然后随机选择一组:

①繁忙的星期一早上;

②睡过头错过了上班的班车;

③在家舒服的看电视;

④在美丽的海滩度假。

针对语境特征是如何影响用户的问题进行讨论,随后对功能设置进行调整,给特定语境中的用户带来更好的体验。

步骤四:分析评论

在小组讨论中,记录与发现问题,对于不同意见可以尽可能的讨论,这个过程可能需要折中才能达到一致。看看最后的功能设定是否满足了上述语境中的特定用户,而针对特定用户和语境所做出的变化是否也适合其他用户?

这个课堂训练的目的是使设计者理解用户和语境在创造良好用户体验中的重要性。限制条件的设计也为设计团队理清设计范围提供了明确的重点。

学生部分选题案例:

1. 社区互助共享养老模式:小合社区养老 APP 设计

2. 武汉轻工大学一卡通充值系统:闪电充 APP 设计

3. 大学生寝室防熬夜计划:叫觉 APP 设计

4. 大学生就近兼职:蜜蜂兼职 APP 设计

5. 宠物寄养交换计划:爱宠居 APP 设计

6. 食堂代买代送服务:易点 APP 设计

7. 手工制作交流学习计划:豆芽手工 APP 设计

8. 语言交换学习计划:Each other APP 设计

9. 大学生跨专业设计联盟计划:K 同学 APP 设计

第2章

用户研究

YONGHU YANJIU

在互联网领域内,用户研究主要应用于两个方面:一是对于新产品来说,用户研究一般用来明确用户需求点,帮助设计师选定产品的设计方向;二是对于已经发布的产品来说,用户研究一般用于发现产品问题,帮助设计师优化产品体验。在这两个方面,用户研究和交互设计紧密相连。

用户可以分为三种类型:专家型用户、随意型用户和主流用户。APP产品的开发要为主流用户设计,主流用户的核心诉求是完成任务,达到目的。用户研究是以用户为中心的设计流程中的第一步,它是一种理解用户,将用户的目标、需求与商业宗旨相匹配的方法。用户研究的首要目的是帮助企业定义产品的目标用户群,明确、细化产品概念,并通过对用户的任务操作特性、知觉特征、认知心理特征的研究,使用户的实际需求成为产品设计的导向,让产品更符合用户的习惯、经验和期待。

2.1
用户研究的意义

产品与用户的交互关系对于以人为本的设计至关重要,设计师设计的不是界面,而是用户与产品的关系,根据用户对产品的需求再设计APP功能。实际上,用户体验(user experience,UX)与所谓的"漂亮的界面"没有任何关系。用户体验是一个流程,这个流程从商业模式开始,到了解用户具体需求,再到理解如何将服务融入用户期望。从这些层面上来说,用户体验是商业战略重点的重要一环,而界面设计不是用户体验的末环。产品成型以后,还要进行跟踪测试,为后期的产品迭代提供方向。在产品投入市场运营后也会进行跟踪测试,不断地进行相应调整。

用户研究可以对目标用户的需求进行分析,对设计师设计的产品进行评估,对用户的行为进行分析。在需求分析中,通过用户研究可以了解使用产品的用户都是哪些人,他们具有什么样的特征,他们在什么情境中使用这类产品,他们使用产品能够解决哪些问题,这些问题对他们而言的重要性,还需要帮他们解决哪些问题等;在产品评估过程中,通过用户研究可以了解用户是否可以顺利使用该产品解决他们的问题,该产品的使用方法是否足够简单,使用过程中会不会遇到困难,用户使用产品是否需要付出较高的代价,用户对产品的满意度怎么样;在用户的行为分析上可以通过用户研究了解用户是怎样使用我们的产品的,用户比较关注哪些地方,他们最常用的是哪些功能,产品的哪些功能被忽视了,等等。用户研究不仅对公司设计产品有帮助,而且让产品的使用者受益。对公司设计产品来说,用户研究可以节约宝贵的时间、资源和开发成本,从而创造出更好、更成功的产品;对用户来说,用户研究使得产品更加贴近他们的真实需求。

通过用户研究,我们可以将用户需要的功能设计得有用、易用并且强大,能解决实际问题。

2.2
用户研究方法概述

用户研究方法有很多,如何对这些方法进行选择,应该视研究目标而定。用户研究适用于产品生命周期的各个阶段,不管是需求挖掘还是设计评估,都需要与用户打交道。根据用户研究方法在产品开发流程中的应用,可将用户研究方法分成三个阶段:第一个阶段为产品概念阶段,主要使用的用户研究方法包括问卷调查法、焦点小组法、深度访谈法、竞品分析法、用户模型法、故事板等,目的是发掘、验证、明确用户需求,明确产品目标;第二个阶段为产品设计与研发阶段,主要使用的用户研究方法包括可用性测试法、卡片分类法、合意性研究法、认知走查法、专家评估法,研究的主要目的是确定视觉及设计方案,对交互设计方案进行评价,了解产品迭代开发过程中不同版本的易用性问题;第三个阶段为产品发布阶段,主要使用的用户研究方法包括问卷调查法、满意度评估法、用户访谈法,目的是了解产品发布后用户的反馈、各个功能点的使用情况、新功能点的发掘、产品推广策略等。用户研究的步骤与方法见表 2-1。

表 2-1　用户研究的步骤与方法

步　　骤	方　　法	目　　标
前期用户调查	访谈法(用户访谈法、深度访谈法) 背景资料问卷法	目标用户定义; 用户特征设计客体特征的背景; 知识积累
情景实验	验前问卷/访谈法、观察法(典型任务操作) 有声思维法、现场研究法、验后回顾法	用户细分; 用户特征描述; 定性研究; 问卷设计基础
问卷调查	单层问卷法、多层问卷法;纸质问卷法、网页问卷法; 验前问卷法、验后问卷法;开放型问卷法、封闭型问卷法	获得量化数据,支持定性和定量分析
数据分析	单因素方差分析、描述性统计、聚类分析、相关分析等 数理统计分析方法;主观经验测量(常见于可用性测试 的分析);Noldus 操作任务分析仪、眼动绩效分析仪	用户模型建立依据; 提出设计简易和解决方法的依据
建立用户模型	建立任务模型和思维模型(知觉、认知特性)	分析结果整合,指导可用性测试和界面方案设计; 用户研究的内容; 用户群特征; 产品功能架构; 用户任务模型和心理模型; 用户角色设定; 用户研究的相关文档

2.3
产品概念阶段用户研究方法

2.3.1　问卷调查法

问卷调查法也叫问卷法,是一种用书面形式间接搜集研究材料的调查手段,一般通过向被调查者发出简明扼要的征询单(表),请求被调查者填写对有关问题的意见和建议来间接获得资料和信息。由于其可以同时在较大范围内让众多被调查者填写,且能在较短时间内搜集到大量的数据,因此,运用极为广泛。目前,相较于传统问卷调查,网络问卷调查因其实施的便捷性、信息采集与处理的自动化得到越来越多研究者的青睐。

但是,做好一份问卷并不容易,尤其是在制定问卷目标、设计问卷问题及文案上都有一定的专业要求。问卷一般由卷首语、问题与回答方式、编码和其他资料四个部分组成。卷首语是问卷调查的自我介绍,卷首语的内容应该包括:调查的目的、意义和主要内容,对被调查者的希望和要求,填写问卷的说明,调查的匿名和保密原则,以及调查者的名称等。为了能引起被调查者的重视和兴趣,争取他们的合作和支持,卷首语的语气要谦虚、诚恳、平易近人,文字要简明、通俗、有可读性。问卷设计的原则是问题通俗化,忌用专业术语;问题以选择题为主,问题设置应由浅入深,具有逻辑性;选择题答案闭合,标准化。

2.3.2 焦点小组法

焦点小组法即小组(焦点)座谈(focus group)法,是由一个经过训练的主持人以一种无结构的、自然的形式与一个小组的被调查者交谈,主持人负责组织讨论。小组座谈法的主要目的,是通过一组(一般 6～8 人)从调查者所要研究的目标市场中选择来的被调查者的谈话中,来获取对相关问题的一些看法从而对这些问题有更深入的了解,这种方法的价值在于常常可以从自由进行的小组讨论中得到一些意想不到的发现。小组座谈的问题一般都是结构化的,也就是说问哪些问题,顺序如何,都是基本定下来的。主持人的职责是尽量让每个人在每个问题上发表观点,让气氛活跃,大家发言积极。但是主持人自己不能参与讨论,不能发表观点,不能说诱导性的话,否则会导致结果的不真实。

2.3.3 深度访谈法

由于问卷调查法对于了解用户的意图、动机和思维过程类的开放式问题效果不佳,因此深度访谈法常被作为定性研究方法结合问卷调查法进行使用。深度访谈(in-depth interview)法是一种无结构的、直接的、一对一的访问形式,没有事先设计的问卷和固定的程序,而是只有一个访谈的主题或范围,由调查者与被调查者围绕这个主题或范围进行比较自由的交谈。访谈的质量与调查者的访谈技巧十分相关,调查者需要通过有组织的提问与应变技巧对被调查者对于某一问题潜在动机、态度和情感进行探测性调查。深度访谈法主要应用于实地研究,能够通过深入细致的访谈,获得丰富生动的定性资料,并通过研究者主观的、洞察性的分析,从中归纳和概括出某种结论。

2.3.4 竞品分析法

竞品分析法是指对竞争对手的产品进行比较分析的方法,主要的分析手段包括客观分析和主观分析。客观分析是指从竞争对手或市场相关产品中选择一些产品进行实际考察与分析,根据事实情况得出一些分析结论,这种方法不能加入任何个人判断,应以实际情况为准;主观分析是指根据事实或用户体验列出竞品的优势与不足,并与自己的产品进行对比。竞品分析法能帮助设计者快速找出市场需求与自己产品的机会点,设计出有市场竞争力的产品。

2.3.5 用户模型法

用户模型法是虚构出一个典型用户用来代表一个用户群的方法。一个用户模型可以比任何一个真实的个体都更有代表性。一个用户模型的资料有性别、年龄、收入、籍贯、情感、所有浏览过的 URL(统一资源定位符)以及这些 URL 包含的内容、关键词等等。一个产品通常会设计 3～6 个用户模型代表所有的用户群体。人物角色不是精确的度量标准,它更重要的作用是作为一种决策、设计、沟通的可视化的交流工具。简单来说,就是方便设计者将自己作为一个典型用户来考虑问题,真正设身处地考虑用户的需求、使用情境和使用体验。创建用户模型的目的是尽可能减少主观臆测,理解用户到底需要什么,从而知道如何更好地为不同类型的用户服务。用户模型法能帮助设计者把握关键需求、关键任务、关键流程,看到产品必须做什么,也知道产品不该做什么。人物角色的组成元素包括基本属性、关键差异、简单描述、用户目标、商业目标、相关属性,用户角色设定如图 2-1 所示。

Laura
公司白领

角色等级: 次要人物

个人信息
年龄: 24
性别: 女
家庭成员: 爸爸、妈妈,结识了男朋友,但没有结婚的打算
性格: 热情、快言快语,朋友圈中的老好人
座右铭: 快乐工作,享受生活

就业信息
所属行业: 外贸公司
职位: 文秘
月收入: 5000
手机使用经验: 7年
手机网络使用经验: 4年
每周手机上网次数及时间: 2-3小时/天

简介
Laura目前是一家公司的白领,比较关心流行资讯,对时尚购物信息时刻的把握,社交是生活中最重要的一部分,会花很多时间用于人际圈的扩展与维护,很喜欢手机上网,平时没事都会拿出手机上网,并热衷于发朋友圈。

用户目标
用户使用手机浏览器主要是为了:了解新闻资讯、查询天气、影视、星座、打折信息、餐饮信息。与朋友圈里的人互动,发现好玩的,好吃的地方经常分享到朋友圈。

商业目标
我们希望Laura成为产为产品的忠实用户,订阅产品推出的有偿功能,经常使用APP产品,并通过朋友圈向其他人推荐本APP产品。

图 2-1　用户角色设定

2.3.6　故事板

故事板是将典型用户的使用情境通过一系列图纸或图片进行展示,组成叙事序列,主要展现用户与产品的每一个接触点的表征和用户在体验创造中的关系。这种可视化的情境展示有利于受众理解,也方便团队在研究过程中的交流。通过故事板的绘制与讨论,能帮助设计者考虑到用户与产品交互中的一些细节问题,而这些问题对于提升用户体验有重要意义。从表现手法上看,故事板其实就是简单的插画,用插画的形式按帧表达影像,表达其中的每一个画面,每一个镜头。每一个故事板都应该通过一系列插画,详细描绘一个场景的开始到结束:从演员的动作,到镜头的切换(平移、拉近、拉远等)。插画风格可以不限,草图的形式也可以,故事板如图2-2 所示。作为交互设计的一种用户研究方法,故事板主要表现的是模拟用户使用产品的场景和在使用中可能遇到的问题。

故事板绘制步骤:以一个人通过手机拍摄条形码来抓取公告板所显示的信息为例。

(1) 画出故事板每帧的轮廓。

拿出一张白纸在上面画出五个以上的矩形框,这些框是故事板的基本模块。

(2) 设计故事线。

在开始画场景之前,首先要为故事板规划一条故事线。在设计故事线的时候,要考虑以下这些方面:这个

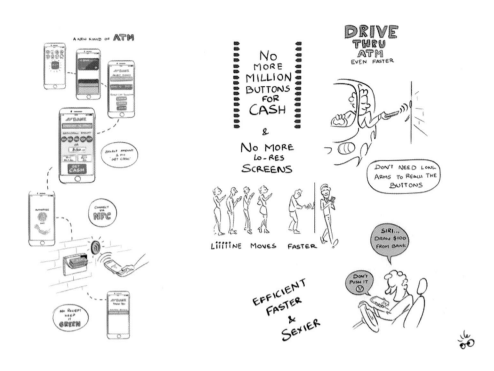

图 2-2　故事板

交互行为在哪里发生？遇到了什么问题？人们尝试做的任务是什么？场景中出现哪些人,他们的动作是什么？他们使用的是什么物品或电子设备？对每个电子系统来说,可能的输入和输出是什么？人们或设备做了什么来解决问题？

设计出一条贯穿于这五帧的故事线,最开始的那帧介绍你的故事,它也叫"定场镜头"。之后的几帧对故事发展进行介绍,最后一帧达到一个高峰,也就是解决问题的方法。最后一帧对故事进行总结,通常会是一个强调故事板中交互完成的场景。故事线如图 2-3 所示。

图 2-3　故事线

以一个人路过公告板然后用手机扫码的故事为例,这个过程可以拆解为几个镜头。①一个人路过公共环境中的公告板;②此人注意到某条公告,想了解更多信息;③此人用手机对公告板上的条形码拍了一张照;④手机上显示出具体信息;⑤此人从公告板走开。

在每帧下面写上描述故事线的文字,如图 2-4 所示。

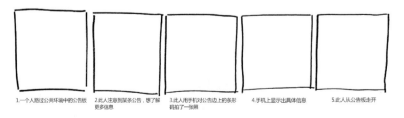

图 2-4　描述故事线的文字

接下来的步骤是画出故事板的每一个场景,在你看接下来给出的方案之前先自己尝试一下。

(3)画出定场镜头。

故事板的第一幅草图为定场镜头,是被用来设置故事板的场景。特别是提供交互发生地以及包含的人物信息概览。此类草图可以使用超远景来表现环境细节。定场镜头绘制如图 2-5 所示。

(4)通过合适的照片继续故事线草图的绘制。

在故事绘制之前,首先要了解一下故事板常用的取景方式,如图 2-6 所示。灵活的使用取景,可以让故事情节更有张力,所要表现的细节也能引起观众的注意。

1. 一个人路过公共环境中的公告板

图 2-5　定场镜头绘制

超远景(全景)　　远景　　　　　中景　　　　　过肩镜头
显示背景、地点等细节的　显示出完整的一个人。　显示出一个人的头和肩。　跨过一个人的肩部看过去。
视角。

主观镜头(POV)　　　　　　　　　　　近景
看见某人所看见的全部。　　　　　　　　譬如显示某人拿着的设备
　　　　　　　　　　　　　　　　　　界面细节。

图 2-6　故事板常用的取景方式

人物绘制可以使用火柴人来表现人的姿势和方向,或用照片追踪技术画出简单的物体形状,草图绘制如图 2-7 所示。

超远景　　　　　　过肩镜头　　　　　　主观镜头

近景　　　　　　　超远景

图 2-7　草图绘制

(5）突出动作和行动。

如果需要，可以在这些草图中添加视觉注释，注释对于说明突出静态图片难以表现的重要行动或动作有很大作用，如图 2-8 所示。

1.一个人路过公共环境中的公告板　　2.此人注意到某条公告，想了解　　3.此人用手机对公告边上的条形
　　　　　　　　　　　　　　　　　　　　更多信息　　　　　　　　　　　　码拍了一张照

4.手机上显示出具体信息　　　　　5.此人从公告板走开

图 2-8　添加视觉注释突出动作

(6）向他人迭代说明。

从同事、朋友或客户处获取对画完的故事板的反馈，通过这些反馈来了解你的故事板是否有效：他们是否理解你的故事，也就是你所假设的画中人对系统的使用场景。

2.4
产品设计与研发阶段常用的用户研究方法

2.4.1　可用性测试法

可用性测试法是用户体验研究中最常用的方法之一，它是让一群具有代表性的用户对产品进行典型操作，同时观察员和开发人员在一旁观察、聆听、做记录。可用性测试法包括资源准备、任务设计、用户招募、测试执行、报告呈现五个步骤(见图 2-9)。①资源准备包括环境、设备的准备，文档准备和人员准备；②任务设计是从测试目的出发，围绕用户使用目标创建情景与任务；③用户招募是指你想要什么样的用户来参加测试；④测试执行包括预测试和正式测试以及每次测试后的总结；⑤报告呈现包括界定问题，区分问题的优先级，将有联系的问题综合在一起，分析问题背后的原因，提出可能的解决方案。

可用性测试法的主要功能是尽早发现问题，以便在测试样本阶段就能对产品进行调整，提升用户满意度和忠诚度。由于可用性测试法成本低、易操作，因此被广泛采用。在可用性测试法中也会用到访谈法，但是这里

图 2-9　可用性测试法步骤

(图片来源:Saul Greenbery.用户体验草图设计[M].电子工业出版社,2014,5.)

的访谈是先观察用户操作,再针对操作中的问题进行访谈调查,了解问题背后的原因。

2.4.2　卡片分类法

卡片分类法是一种在繁杂信息中理清用户理解和组织信息原理的方法,信息的分类与分析有助于设计者规划和设计软件产品的信息架构。卡片分类法的操作方法十分简单,就是将各类信息、概念、内容写在便利贴上,然后要求被访者根据相似性理解将卡片进行归类,并按照他们制定的分组进行描述。卡片分类法经济、方便,使用广泛,卡片分类法如图 2-10 所示。

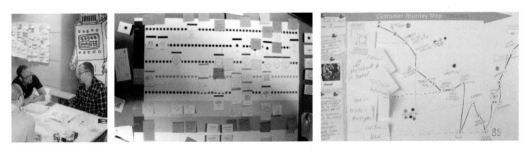

图 2-10　卡片分类法

卡片分类法的使用场景包括:信息架构设计,即根据用户搜索行为,对网站进行信息分组和梳理导航结构;导航设计,用于网站导航的重构,测试用户心理模型与设计之间的差异;验证命名,验证命名是否符合用户的心理预期和认知习惯,避免误解;需求探索,将需求素材进行比较和分类,利于从整体上理解用户需求。

2.4.3　合意性研究法

合意性研究法是指在可用性实验室环境中评估合意性的新方法,合意性研究有定性研究和定量研究两种类型。在定性研究中,被试者们被分别带到一个实验室,被展示不同的视觉设计风格或者视觉设计界面。这时,被试者被给予一些索引卡片,每一张卡片上都有一个形容词,然后,被试者被要求指出哪个卡片与哪一个设计搭配起来最好。在被试者对每一个设计选择了一些卡片后,研究者将询问他们为什么做出这样的选择。这种方法可以找出为什么特定的设计导致了特定的反应,这给设计团队提供了他们所需要的改善下一个版本的素材。定量研究的方法是,把各种设计风格的界面放到一个问卷调查中,使研究者能够获得更大的、更具有代表性的目标用户样本和可概括的结果。总的来说,合意性研究是了解设计师设定的美感与用户的感受是否一致的方法,如果所有的东西都与用户体验的其他方面搭配得非常好,这些用户就会变成忠诚用户。

2.4.4　认知走查法

认知走查(cognitive walkthrough,CW)法是通过分析用户的心理加工过程来评价用户界面的一种方法,最适用于界面设计的初期。可用性测试专业人员将自己"扮演"成为用户,通过一定的任务对界面进行检查评估。分析者首先选择典型的界面任务,并为每一任务确定一个或多个正确的操作序列,然后分析走查用户在完成任务的过程中在什么方面出现问题并提供解释。认知走查法的核心部分就是对假定的用户所采取的每一个动作进行质疑,看看它们的发生是否合乎情理:第一,用户能否想到去做某个动作;第二,用户能否找到执行某个动作的控件在哪里;第三,用户能否看出操作控件可以产生他们想要的效果;第四,在用户执行操作后,界面是否提供了适当的反馈,用户能否较好地理解这些反馈来有效地指导后续的操作。

2.4.5　专家评估法

专家评估法出现得较早,主要是通过打分的方式做出定量评价,适用于缺乏足够统计数据和原始资料情况下的定量评估。主要步骤包括:第一,对评价对象评价指标的拟定,并对每个指标等级用分值进行说明;第二,专家根据指标与分值对评价对象进行评级,并最终得出评价分数。这种方法的准确度主要依赖于专家的经验和知识的广博度,对专家的学术和经验要求较高。总的来说,专家评估法简单、直观,但是由于其全部取决于专家的知识经验,有时难以确保评价结果的客观性和准确性。

2.5
产品发布阶段的用户研究方法

此阶段的主要用户研究方法为问卷调查法和用户访谈法,前文已经详细介绍过,此部分不再赘述。

课程训练:关于拟设计 APP 的问卷调查设计与发布

作业提示:在设计调查问卷之前,首先要思考几个问题,如为什么要实施这种调查、该调查问卷到底想了解什么、它是否能提供必要的决策所需信息等等。确定调查问卷的目的是调查问卷设计的前提条件,必须根据课题要求和课题需要,并结合实际可行性加以确定。

课程训练说明:

一般来说,APP 产品调查问卷的题目设置一般包含四个方面的内容:

(1) 背景性问题,主要是被调查者个人的基本情况。

(2) 客观性问题,是指已经发生和正在发生的各种事实和行为,验证产品的可行性,是否存在用户需求。

(3) 主观性问题,是指人们的思想、感情、态度、愿望等一切主观意识方面的问题,针对拟设置的功能对用户需求进行调查。

（4）同类产品调查。

问卷调查的步骤：确定所需信息——确定问题的内容——确定问题的类型——确定问题的顺序——问卷的预试——问卷的定稿——问卷的投放——问卷的回收与分析。

2.6

课堂训练：关于拟设计 APP 的问卷调查设计与分析

作业提示：在设计调查问卷之前，首先要思考几个问题，如为什么要实施这种调查、该调查问卷到底想了解什么、它是否能提供必要的决策所需信息等等。确定调查问卷的目的是问卷设计的前提条件。必须根据课题要求和课题需要，并结合现实可行性加以确定。

课题训练说明：

一般来说，APP 产品调查问卷的题目设置一般包含四个方面的内容：

(1) 背景性的问题，主要是被调查者个人的基本情况。

(2) 客观性问题，是指已经发生和正在发生的各种事实和行为，验证产品的可行性，是否存在用户需求。

(3) 主观性问题，是指人们的思想、感情、态度、愿望等一切主观世界状况方面的问题，针对拟设置的功能对用户需求进行调查。

(4) 同类产品调查。

问卷调查的步骤：确定所需信息——确定问题的内容——确定问题的类型——确定问题的顺序——问卷的预试——问卷的定稿——问卷的投放——问卷的回收与分析。

学生问卷设计案例：

关于大学生旅行情况的调查

您好，我们是武汉轻工大学的学生，现在正在对目前我国旅行情况进行调查，我们想做一款关于"交换旅行"的 APP，为了详细了解大家针对旅行方面的各种需求，我们制作了此调查问卷。您填写的内容我们将严格保密，请您放心填写，非常感谢您的支持。

1. 您的性别 [单选题] *

○ 男　　　　　　　　○ 女

2. 您的年龄 [单选题] *

○ 18 岁以下　　○ 18～25 岁　　○ 26～35 岁　　○ 36～40 岁　　○ 41 以上

3. 您的职业 [单选题] *

○ 在校大学生　　○ 上班族　　　○ 自由职业　　○ 其他

4. 您的月收入 [单选题] *

○ 2000 元以下　　○ 2000～5000 元　　○ 5000～10000 元　　○ 10000 元以上

5.您平均每年的旅游次数［单选题］＊

○ 0 次　　　　　○ 1～2 次　　　　　○ 3～5 次　　　　　○ 6～10 次　　　　　○ 10 次以上

6.您在出游中最关注的服务要素依次是什么？［排序题］＊

○ 住宿餐饮　　　　○ 交通工具　　　　○ 导游服务　　　　○ 购物娱乐　　　　○ 景点安排

7.您的旅行方式有哪些？［多选题］＊

□ 报团游　　　　　□ 自由行　　　　　□ 半自由行　　　　□ 其他

8.在跟团过程中您遇到的问题有哪些？［多选题］＊

□ 行程赶,安排不合理　　　　　　　□ 不自由

□ 隐形花费多　　　　□ 导游态度差　　　　□ 同行者素质不高

9.在自由行或半自由行过程中您遇到的问题有哪些？［多选题］＊

□ 所有的吃住行都要自己预订,费时费力　　　　　□ 自己定的行程不好玩

□ 花费高　　　　　　　　　　　　　　　　　　　□ 经常迷路

10.旅行前您是否会选择提前做旅游攻略？［单选题］＊

○ 每次都会　　　　○ 经常会　　　　○ 偶尔会　　　　○ 从不会

11.您做旅游攻略的方式是什么？［多选题］＊

□ 网上查找　　　　□ 询问当地人　　　　□ 询问去过的朋友　　　　□ 其他

12.您是否会在意旅行花费？［单选题］＊

○ 非常在意　　　　○ 在意　　　　○ 无所谓　　　　○ 不在意　　　　○ 有钱随便花

13.是否愿意有当地人给您旅行建议和规划？［单选题］＊

○ 十分愿意　　　　○ 比较愿意　　　　○ 愿意　　　　○ 不太愿意　　　　○ 不愿意

14.在旅行过程中您会选择哪种住宿方式？［多选题］＊

□ 酒店　　　　□ 民宿　　　　□ 青年旅舍　　　　□ 其他

15.如果有一个平台,您是否愿意分享您在当地游玩的攻略并且给出一定的旅游建议和规划？［单选题］＊

○ 如果有交流平台,很乐意为之

○ 可以考虑分享,为更多人提供方便

○ 不乐意分享,感觉很麻烦,没时间

16.您经常使用的旅行 APP 有哪些？［多选题］＊

□ 携程　　　　□ 去哪儿　　　　□ 马蜂窝　　　　□ 途牛　　　　□ 飞猪

□ 美团　　　　□ 其他

17.如果有免费导游交换旅行 APP,您是否愿意使用？［单选题］＊

○ 十分愿意　　　　○ 比较愿意　　　　○ 愿意　　　　○ 不太愿意　　　　○ 不愿意

再次感谢您的配合!

(问卷设计:王晨、李佳彤、李米雪)

课堂训练:调查问卷分析

要求:对 APP 问卷进行网络调查,并对问卷结果进行卡片法分析,并撰写需求文档。

作业要求:利用问卷调查和卡片分类法筛选掉明显不合理的需求,检验我们拟设定的主要功能与产品特色是否符合用户目标,并根据当前主要目标排优先级。

学生作业案例(见图 2-11):

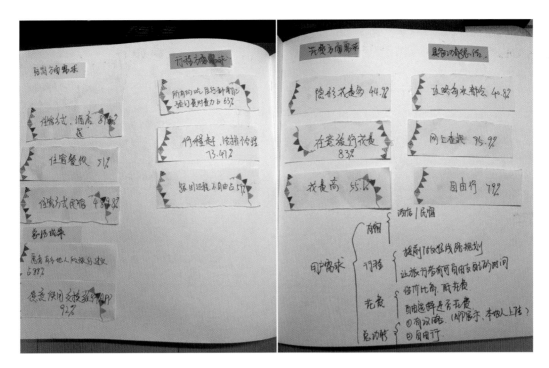

图 2-11 卡片法问卷调查分析

（学生：王晨，李佳彤，李米雪）

"交换旅行APP"需求文档

1. 背景说明

如今,旅行已经成为了人们生活中必不可少的一部分,而旅行的意义在于可以让人们放松自己,洗涤心灵,净化内心。但是在旅行的过程中,总会出现这样那样的问题给旅行增加不必要的烦恼,例如跟团中行程安排不合理,隐形花费过多;自由行时要自己安排一切,费时费力等等。因此我们推出一款通过上传与寻找攻略与人进行交换旅行的APP。

2. 目标用户

爱好旅行,每年有3～5次及以上的旅行需求,考虑到不同人群使用智能手机的情况,目标用户集中在18～45岁之间,以学生和上班族为主。

3. 用户需求及使用场景

场景一:

"这次跟团出来心情太不爽了,天天跟赶鸭子上架一样赶时间,好不容易去了个好玩一点的景点,却让我们重新交门票钱才能进去。"——你需要有更自由,花费更少的旅行方式。

场景二:

"还没到旅游的地方呢,就累得要死了,每天各种软件各种查住哪儿、吃啥、去哪儿玩,真的是身心俱疲,规划这一步就把要旅行的热情全磨没了。"——你需要有更专业、更了解旅行目的地的旅行向导,提前为你做好攻略。

场景三:

"这几次去玩的地方好有趣啊,好想安利给更多想来××玩的人啊!"——你需要一个更专业的平台去分享你的旅行经历。

（学生：王晨、李佳彤、李米雪）

第3章

交互设计方法

JIAOHU SHEJI FANGFA

3.1
交互设计概述

交互设计(interaction design,ID)是指设计人和产品或服务互动的一种机制,以用户体验为基础进行的人机交互设计首先要考虑用户的背景、使用经验以及在操作过程中的感受,从而设计出符合最终用户需求的产品。交互设计涉及多个学科,以及和多领域、多背景人员的沟通。随着技术的发展和设计对人的关注,软件与人的交互方式越来越多,也越来越接近自然交互。交互设计往往与界面设计、产品设计有着不可分割的联系,人们常常把这几者的概念弄混,下面来谈谈交互设计与界面设计、产品开发的区别与联系,便于我们更加准确地把握交互设计的概念与范围。

(一)与界面设计的关系

用户界面是交互设计结果的自然体现,但是不能说交互设计就是界面设计。交互设计的出发点在于研究人在和物交流时,人的心理模式和行为模式,并在此研究基础上,设计人工物可提供的交互方式,来满足人对使用人工物的可用性、易用性、情感性三个层次的需求。从这个角度看来,交互设计是设计方法,而界面设计是交互设计的自然结果。同时界面设计不一定由交互设计驱动,然而界面设计必然包含交互设计。

(二)交互设计和产品开发的关系

在交互设计与体验设计没有被单独列出来以前,产品的交互设计总是交给开发人员去实施。从这个意义上来说,产品设计包括了满足人们使用需求的交互设计。随着"以人为本"设计概念的深入推进,人们意识到简单的界面规划已经远远不够,这时,交互设计作为一个独立的设计阶段随之出现。在设计的实践中,研究者还发现,交互设计应该在制定初步产品策略之后,先于技术设计之前实施,这样可以避免在后期产品开发中消耗过多的精力从而导致返工。

3.2
交互设计的阶段与内容

交互设计的阶段主要分为分析阶段、设计阶段、配合开发阶段和验证阶段,其主要完成三个任务:第一,定义部分需求;第二,定义信息架构和操作流程;第三,组织页面元素,制作原型 Demo。

3.2.1 分析阶段

用户调研是定义需求阶段的主要内容,在此阶段主要的工作任务是调查用户及其相关的使用场景,对其使用产品的心理模式、行为模式等有更为深入的认识,为后面的设计打下良好的基础。交互设计分析阶段主要包括需求分析、用户场景模拟、竞品分析三个方面的内容。

(1)需求分析。

对于一个产品来说,必然有对用户需求的分析内容,这些分析内容更多的是从市场需求文档(market requirement document,MRD)与产品需求文档(product requirement document,PRD)中获得,产品需求文档是产品项目由概念化阶段进入图纸化阶段的最主要的一个文档,其作用就是对MRD中的内容进行指标化和技术化,这个文档的质量好坏直接影响到研发部门是否能够明确产品的功能和性能。MRD在产品项目中起着承上启下的作用,"向上"是对MRD内容的继承和发展,"向下"是要把MRD中的内容技术化,向研发部门说明产品的功能和性能指标。在MRD中,基点依然是MRD中的内容,只是把重心放在了产品需求上,而产品需求本身是在MRD中有所体现的,区别就在于,PRD要把MRD中产品需求的内容独立出来加以详细说明。在一些国外的公司,是允许把MRD和PRD合并成一个文档的,通常叫做市场与产品需求文档。该文档一般可以包括以下内容:产品的远景目标、目标市场和客户的描述、竞争对手分析、对产品主要特征比较详细的描述、产品特征的优先级、初步拟定的进度实现安排、用例、产品的软硬件需求、产品的性能要求、销售方式上的思路和需求、技术支持方式上的思路和需求等。

(2)用户场景模拟。

对用户使用场景的理解是用户分析重要的一环,设计人员必须对用户在特定场景下的产品使用习惯进行深入分析,并要多问问自己:如果我是用户,这里我会需要什么。

(3)竞品分析。

竞争产品能够上市并且被设计师知道,必然有其长处。每个设计者的思维都有局限性,看看别人的设计会有触类旁通的启发。当市场上存在竞品时,去看看用户的评论,别沉迷于自己的设计中,让真正的用户说话。

输入物:MRD、PRD、市场调查报告、故事板、竞品分析文档。

输出物:设计初稿(或许只是几个简单的界面)。

3.2.2 设计阶段

面向场景、面向事件驱动和面向对象是设计阶段常需要注意的方向。面向场景是对用户不同使用情境的模拟;面向事件驱动是对用户事件驱动的设计,例如何时应该出现提示框、提交按钮等;面向对象的设计是针对不用层次、不同年龄段用户需求的设计,不同的用户定位将影响界面设计师的设计。

定义框架是交互设计师的核心工作内容,这个阶段的产出质量直接影响到业务目标和转化率。如果框架混乱,接下来的界面怎么优化都是无效的。这好比大型超市的走道设计,如果路线规划得不好,再多再大的指引图标都是低效的。让用户快速达到目的,提升操作效率,这才是框架设计的意义所在。

框架设计要分成两部分内容:一是关于结构导航的设计;二是流程的设计。把我们的产品想象成一个巨大的图书馆,我们需要帮助用户在有目的性的、目的不明确的、无目的性的情况下都能寻找到他们感兴趣的图书。导航设计就是帮助用户准确的达到目的,它可以分为结构导航、关联导航和可用性导航三种类型。在框架设计阶段,交互设计师主要关注结构导航的设计,结构导航分两种:全局导航与局部导航。全局导航一般是相互无关联的信息结构做的一级大分类,方便用户迅速了解整个软件的大致内容;局部导航则关注用户的快捷操作和业务引导操作。交互设计师的首要任务就是将业务内容信息组织分类,划分出主次关系,根据业务目的和用户习惯定义规划全局导航和局部导航的设计。

通过框架设计我们已经基本上确认了模块需求有哪些页面,页面大概会放置什么内容。但真实的用户任务并不是在一个页面上完成的,这时候我们就需要通过流程的方式把任务变得清晰,包容用户的各种误操作。

框架设计完成后,所有的想法还是一些抽象的想法,想将想法与项目组其他人员进行讨论与实施还需要将其以某种方式表达出来,最好的选择就是原型 Demo。制作出简单的原型 Demo 不需要花费很多的时间,但是这种从抽象想法到可视原型的转化让用户研究人员、产品开发人员、测试人员、界面设计人员都能直观地看到产品的雏形,并讨论、修正原型方案,或做些简单的用户测试,对深入挖掘用户的情感需求是十分必要和有效的。

原型是我们的产品刚出生时的模样,它还是一个刚从想法阶段逐渐完善的产物,也是产品经理在产品开发过程中产出最直观的东西,在很大一部分公司中,原型已经完全替代了之前的 PRD 文档。原型可以采取多种形式,从简单的纸膜草图到数字模型。原型产生的过程是一种迭代过程,会随着每一个项目阶段的通过变得更加复杂。

原型包括产品结构图、流程图、页面基础布局。

(一) 产品结构图

产品结构图也叫站点地图(图 3-1)、站点层级图、界面线路图等。以信息类产品为例,其产品结构图也称信息结构图,信息结构图表现的是不同内容间关系的复杂性,以及导航是如何起作用的。导航一般有两种类型:全局导航和语境导航。全局导航在用户界面的每一页都会有,语境导航在用户界面的特定区域出现。用户界面线路图可以让设计团队一眼就能看出内容与导航的层级,以及相关内容区块的关系,也可以看出导航是线性的还是非线性的,还可以看出哪里需要全局导航,哪里需要语境导航,以及哪些需要连接起来。

图 3-1　产品结构图(站点地图)

产品结构图能够帮助设计师、程序员以及设计团队理解界面产生交互的广度与深度,面对多种需求,信息构建师要基于用户行为按优先顺序确定解决方案的流程。这种解决方案是建立在对受众和客户的需求收集、研究的基础之上的。

(二) 任务流程图

任务流程与站点地图不同,它代表着个别任务(如登录和搜索功能等)的关键步骤和决策的内容。为了使站点地图和任务流程可视化,可以使用一些简单的用法和句法。页面流程图具体到了网站、系统、产品功能设计的时候,可以表现页面之前的流转关系,即用户通过什么操作进了什么页面及后续的操作及页面。不先系统性规划,考虑每项功能的前置和后置,每项操作的上下文,就很容易顾此失彼,遗漏重要状态或忽视本应简化的任务。所以,在画框线图之前,要先将页面流程图画出来。

通过用户分析,我们已经知道了系统应该有哪些功能,应该提供哪些内容,现在就需要将这些功能及内容分配到不同的页面中去。绘制任务流程图要从用户的初始页面开始,在此阶段不要对用户类型进行细分,而是基于用户点击什么就会到哪里的假设判断穷举搜索页面上的各项操作,页面就等于操作加内容。操作是需要用户触发的,包括链接、按钮、表单等等。用户通过这些操作,要么看到同一个页面上不同的内容,要么跳转到其他页面。页面流程图的目标是表现用户不同操作指令下不同的页面流转关系,页面流程图元素包括页面、操作或状态、链接线。页面也有分类,有些操作可能不会带你去一个实际的页面,而是有可能发个短信或发个邮件等,这些也需要被表现出来。

流程图的绘制有一些规范,例如:圆角矩形表示开始与结束、矩形表示行动方案或普通工作环节、菱形表示问题判断或判定环节、平行四边形表示输入/输出、箭头线表示工作流方向。对于界面流程来说,页面一般用矩形表示,页面上要体现关键的内容板块及主要操作,平行四边形放到连接线上表示各项操作,一个页面可引出多个操作指向不同的页面。页面操作只体现系统判断,不需要体现用户本身的判断,比如用户到了详情页面是要购买呢? 还是加入收藏呢? 还是离开呢? 这些直接用操作指向不同的页面即可。流程图设计如图 3-2。

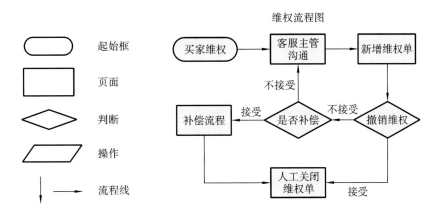

图 3-2　流程图设计

也有不适合用页面流程图去表现的软件,例如门户类新闻 APP、音乐类 APP 等,这些软件的操作更多的是平行跳转,而不是纵深型的一步步推进,这种情况下,最好用站点地图去表达页面从属关系。

输入物:交互文档(高保真原型)。

输出物:设计终稿(所有的设计稿)。

案例:公益捐物 APP

第一步:分析目标用户,确定产品形式

目标用户:各居民区住户,以年轻人为主,年龄在 22～35 岁。

用户分析:时尚群体,消费空间很大。

空间矛盾:小户型房子,储物空间有限;比较喜欢尝鲜,衣服和各种生活物品只进不出,没有足够地方容纳,必须要推陈应新。

处理旧衣物的方式有限:独生子女群体居多,也没有家人亲戚可以赠送。即使知道哪里有灾难发生,灾民缺衣少物也没有通道进行捐赠;二手市场耗费精力,且效果不好。

产品特征:可随时提交捐赠需求,等待有人上门收取,轻松做到眼不见心不烦。

捐赠带来额外好处:换取公益积分(积分可用于订阅杂志、享受参与商家的优惠活动、换取书籍等),公益积分可冲抵水电费。

验证可行,进入下一步。

第二步:功能列表及优先级

此步是进一步明确要做什么,用户大概会怎么参与使用以及使用情境。参与这个产品的有负责取衣服的,也有捐赠衣服的。

业务故事:小美想捐赠一批衣物,她在手机上提交一份捐赠需求,写明自己要捐赠衣服的类型、新旧程度、数量、预约上门时间。小美提交捐赠需求后,收到预约电话,约好了3天后的周末下午上门取衣服。到了预定时间,上门取衣的社工核对捐赠的数量后,拿出手机查找到小美提交的那份捐赠需求,确认收到几件衣服,并发送积分。经过几次的成功捐赠,小美发现自己拥有不少公益积分,她可以在积分频道兑换书籍,或者兑换一些公益合作商家的优惠卡,如洗车优惠、吃饭优惠等。

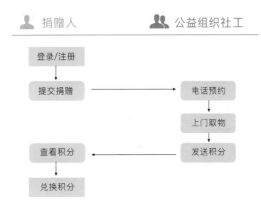

图 3-3　部分业务流程图示

对于捐赠人来说,使用情境里大概会包含以下功能:登录或注册——支持用微博、QQ 账户登录;填写并提交捐赠请求——捐赠内容、图片、新旧程度、上门时间(可选择提前电话预约);查看并追踪捐赠状态——看到过去捐赠的各种衣物及领取的积分;捐赠衣物并获取积分;公益积分查看——查看自己的积分情况,历史总积分,已兑换的及未兑换的积分;积分兑换——兑换参与的各公益商家优惠券。部分业务流程图示如图 3-3 所示。

通过绘制页面流程图,我们明白了要做什么?谁来做?主要的功能是哪些?功能之间的相互关系如何?同时也明确了在界面设计时,提交捐赠需要几个页面去完成这一个动作,这些页面彼此之间的关系是怎样的。

在这个案例中,希望用户的第一个页面是首页,它有两个主要的引导操作:可以查看捐赠或新提交一个捐赠;可以查看公益积分或兑换积分。

以下就是公益捐物 APP 从首页开始的一系列页面流程,如图 3-4 所示。

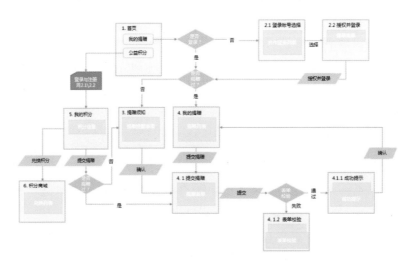

图 3-4　公益捐物 APP 页面流程图

3.2.3　配合开发阶段

界面设计师交出产品设计图时,更多的是配合开发人员、测试人员进行切图。不同的开发人员,切图方式也有不同,界面设计师需配合相关的开发人员进行最适合的切图。

输入物:设计终稿。

输出物:设计稿切图。

3.2.4 验证阶段

软件产品开发完成以后,界面设计师要对产品的预想效果与实际效果的一致性进行验证,检验可用性、用户接受程度、用户需求的一致性。因为界面设计师是离用户最近的人,对产品的理解会更加深刻。

输入物:产品。

输出物:产品(面向用户最终版本)。

需要指出的是,产品界面设计往往夹杂着许多设计原则要求,界面设计师要负责对产品的易用性进行全流程优化,使界面设计的流程规范化,保证界面设计流程的可操作性。每个产品的生命周期中,界面设计师应该严格按照流程,完成每个环节的职责,确保流程准确有效地得到执行,从而提高产品的可用性,提升产品质量。

3.3
交互设计与页面基础布局

3.3.1 低保真原型(线框图)

线框图作为一种很有效的工具,可以用来表现用户界面每一屏的逻辑、动作和功能,以及每个页面的视觉层级、导航顺序和内容区块的可能框架等。通过线框图表现的页面基础布局可以让设计师看到内容的指向和需要的链接,这种信息最终需要变为可用的、直观的界面。线框图其实就是将项目细分成好多小任务,然后一步步完成,将项目从探索阶段推进到界面设计阶段。一般而言,线框图主要由信息构建师完成,但设计团队的平面设计师应该尽早对线框的视觉传达方面提出专业的建议,这样可以使用户的体验需要与代码编写保持平衡,避免给后期设计阶段带来困扰。线框图阶段的工作流程有以下几个步骤。

第一步:拿出一个笔记本,将自己的手机扣在本子上,画上大概 20 个与手机等大的外框,并将这些屏幕大小的矩形框圈出作为我们的手机屏幕。

第二步:拿起笔把最先出现在你脑海中的东西画出来,尽量把 20 个矩形都画完。当你感到画无可画、想无可想的时候,试着问问自己这样一些问题:只留下图片怎么样? 没图片会怎么样? 如果不用列表会怎么样? 能不能把重要的东西放在靠近用户拇指那一侧呢? 此时要暂时忽略视觉设计思维,因为线框图阶段我们设计的是功能结构。

第三步:将脱颖而出的方案拿出来,在新的纸上画出更大的矩形框,将方案画成保真度更高的线框图。这个阶段我们的主要任务就是验证这些方案能否承载得起更多的细节,线框图草图如图 3-5 所示。

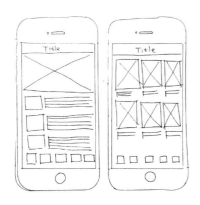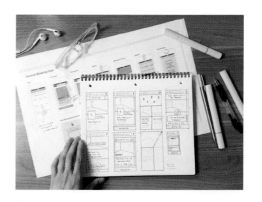

图 3-5　线框图草图

　　当这些工作做完之后,你就可以拿着纸膜原型去跟其他人进行讨论了,看看还有哪些可以改进的地方。

　　这样,只需用相对较少的时间,你就可能得到一个或几个拿得出手的方案。通常不要那么快就结束线框图阶段的工作,将关键屏的线框图放到流程里面再考虑一下前后衔接上会不会出现问题。理想条件之下,通过这个方法,你能够得到数个不同的想法,最后对比之下选出一个你认为最佳的方案。当做完这步走查之后再开始制作电子格式的原型,然后在真实设备上体验,这样就能够最大程度的避免过早的拿出并不那么成熟的方案,这就是线框图的真正价值。

3.3.2　高保真原型

　　一旦最初的问题通过纸模原型消除,就可以建立高保真的计算机原型了,这种原型要包含真实的内容和精细的图形,如图 3-6 所示。设计师想要获得功能、内容和美感更精细的反馈,可以使用专业的线框图制作软件,例如 AI、sketch 等,还有原型建构和加工软件,例如 Axure RP、墨刀等。

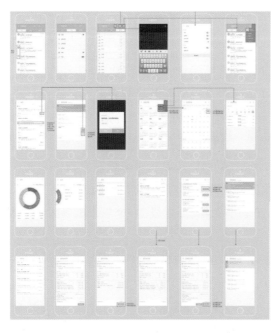

图 3-6　高保真原型

3.4
触屏设备的交互手势

　　自然用户界面(natural user interface,NUI)是指用户不需要借助键盘或鼠标等输入设备,而是通过触控手势、自然手势、语音输入等自然的交流方式与机器互动。自然手势模仿的是真实物理世界中的动作,例如上下滑动滚动列表,滑动以平移等,这类手势不需要或很少需要用户去学习。目前,移动应用上的点击交互逐渐被滑动所代替,因为滑动更接近我们的日常操作,可以带来更愉悦的使用体验。触屏设备中操作手势多样,但都是由 10 种基本手势组合演变而来,基本交互手势如图 3-7 所示。

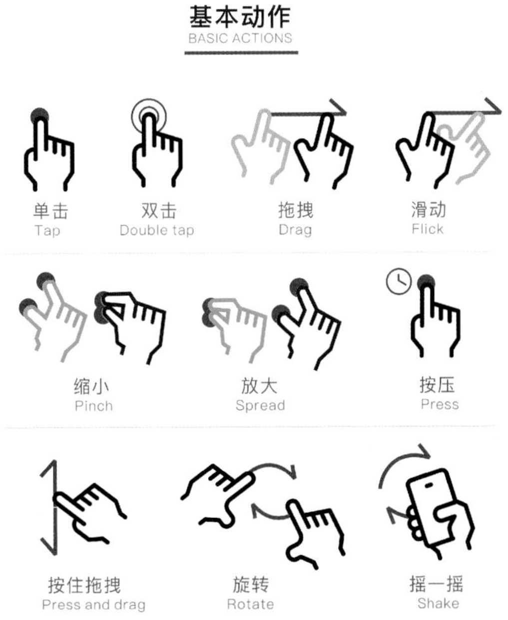

基本动作
BASIC ACTIONS

单击　　双击　　拖拽　　滑动
Tap　　Double tap　　Drag　　Flick

缩小　　放大　　按压
Pinch　　Spread　　Press

按住拖拽　　旋转　　摇一摇
Press and drag　　Rotate　　Shake

图 3-7　基本交互手势

　　界面交互手势中最常用的动作为打开、选择。与对象有关的动作是对屏幕上某一目标对象的操作,如调整图片的位置大小,选择、删除或移动一个文件等。导览动作是对屏幕视图的操作,如切换屏幕、滚动屏幕、缩放等。

　　在手势设计上,应考虑用户使用移动设备时的环境和状态,也就是用户的使用情境:移动情境下,注意力容易被分散(如交谈,观察周围环境等);移动情境下,操作手机的时间碎片化(被各种事情打断);移动情境下,任务容易被中断(意外情况影响);移动情境下,肢体可能被其他物体占用(如遛狗、拎包等);移动情境下,噪音分散注意力(车水马龙、人声鼎沸的路边)。由于这些情境持续而快速地变化,我们要考虑用户分心、多任务、手势操作、低电量条件和糟糕的连接条件等复杂环境下的通用设计。

　　好用的手势简单来说有两个特质:一是简单,二是能支持单手操作,例如,由 Tweetie 创始人 Loren Brichter 所开发并获得专利的"下拉刷新",或者像 iBook 的翻页动作一样自然简单,还有手机里的摇一摇操作,都让互动过程简单、有趣。

3.5

案例分析:"赶公交"APP 产品需求与交互原型设计

1. 产品概述

背景说明:公交车作为大众出行必不可少的交通工具,已经成为每个人日常生活的一部分。然而公交系统的运营资源是掌握在公交公司手中,人们无法获得公交车的实时运行状况。而且公交车不同于地铁,相对来说具有一些状况上的不确定性,因此人们需要在选择公交车出行时实时了解它的运行状况。

目标用户:从一线城市到四、五线城市都拥有公交车系统,每个居住在城市里的人都有选择公交车出行的需求。考虑到不同人群使用智能手机的情况,目标用户集中在 20~40 岁之间,以学生和上班族为主。

2. 用户需求及使用场景

场景 1:"你忘了你曾经为了它而狂奔几十米,还差点破了自己的世界纪录",所以你需要知道到站时间。

场景 2:"你忘了你终于在人群中等来了它,而它心中却没有了让你容身的位置,或者你汉子气概全开终于挤上去却发现后面那辆居然有空座位",你需要知道车内拥挤状况。

场景 3:"你忘了你选择这趟公交车,却发现比你晚下班的室友在你前面回来了",所以你需要知道道路拥挤状况。

基于上面的场景分析,可以梳理出具体用户需求如图 3-8 所示。

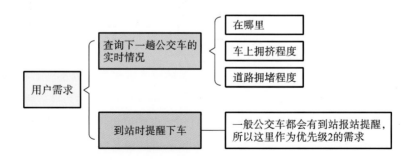

图 3-8 用户需求梳理

优先级 1:公交车到站时间,即"在哪里";车上拥挤状况,特色功能,但是在技术上实现是否有难度;道路拥堵状况。优先级 2:到站时提醒下车,一般公交车上都会有到站报站提醒,所以这里在考虑具体场景的情况下作为补充提醒。

产品功能结构图如图 3-9 所示。

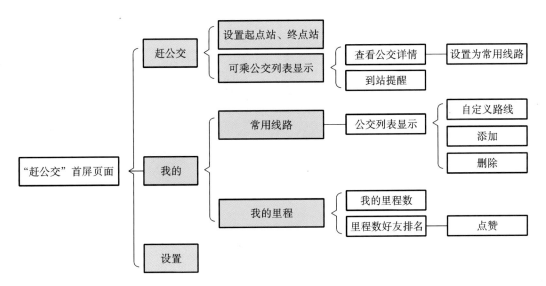

图 3-9 产品功能结构图

主要流程图如图 3-10 所示。

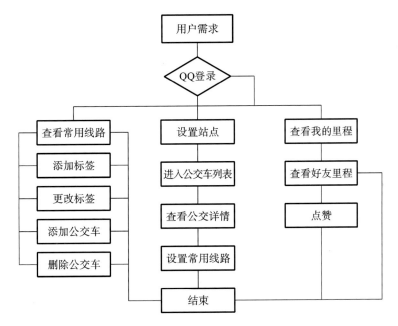

图 3-10 主要流程图

全局页面结构如图 3-11 所示。

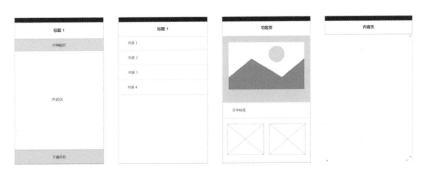

图 3-11 页面结构

常用交互手势如图 3-12 所法。

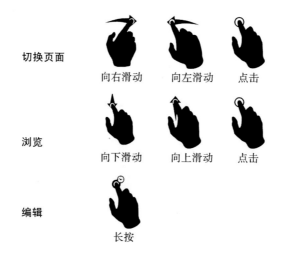

图 3-12　常用交互手势

页面切换规则如图 3-13 所示。

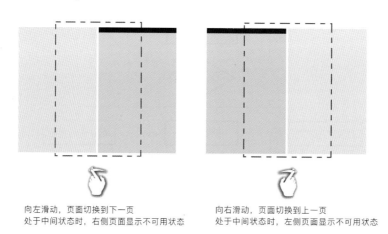

向左滑动，页面切换到下一页
处于中间状态时，右侧页面显示不可用状态

向右滑动，页面切换到上一页
处于中间状态时，左侧页面显示不可用状态

图 3-13　页面切换规则

页面设置如图 3-14 所示。

网络状况说明　　　　　登录页面　　　　　　首页　　　　　　公交详情页

图 3-14　页面设置

（案例来源：名垚，PRD 实用案例"赶公交"APP 产品需求文档，http://www.chanpin100.com/article/27640)

常用路线　　　　　　　　我的里程

续图 3-14

课程训练：交互设计

要求：根据用户研究结果，对拟设计的 APP 进行站点图设计、流程图设计，并设计纸膜原型，对优化的交互流程进行高保真线框图与交互设计，制作原型 Demo。

3.6

课堂训练：关于拟设计 APP 的产品结构图与交互流程设计

作业提示：根据问卷调查与分析结果对拟设计 APP 进行产品结构图的设计，并采用焦点小组、故事板、认知走查等方法验证产品功能的创新性与可行性。

课题训练说明：在 APP 产品结构的设置上应注意突出产品的核心功能，要区别于同类产品，避免为了求全而造成功能堆砌。

学生作业案例：目前，我国旅游需求旺盛，自由行更是年轻人旅游的首选，但是做攻略太耗费时间是所有自由行人员觉得最为麻烦的地方，因此在前期问卷调查与分析的基础上，拟对自由行的攻略与向导痛点进行产品开发设计。

在同类旅行 APP 的调查分析中发现，目前的旅游类 APP 主要有订票类、攻略类、导游服务类，交换旅行 APP 的核心功能定位为年轻人的交换旅游向导，本地人为外地旅游者提供旅游线路，代订酒店门票，充当向导等服务，获得积分后可兑换自己去其他旅游目的地的相应旅游向导服务。因此，在站点设置上，"攻略池"为产品的主打功能，本地人通过发布攻略，吸引外地游客对攻略的兴趣，并通过平台中的"消息"交流平台进行细节沟通。达成意向后即可相约成为向导，完成向导后，被服务方确认并给出评价，攻略发布人获得相应积分，该积分可兑换自己去其他旅游地的向导服务。

作业提示：在站点图的基础上，对交互流程进行设计，验证交互流程的可行性与流畅性。

课题训练说明：使用 Axure 或者墨刀等可视化交互原型软件进行交互流程设计，并采用可用性测试等方法对流程的合理性进行检验。

学生作业案例 1：

交换旅行 APP 交互原型设计(使用软件"墨刀")

关于"交换旅行 APP"的高保真原型可用性测试意见：

①主页的界面内容不明确；②发布界面的图标不明确，过于复杂；③首页图片分布没有明确的标题与目的性；④攻略可以发布的详细一些，包括费用以及其他内容；⑤该 APP 在使用中能达到的收益、效果以及目的没有表现出来。交换旅行 APP 产品结构图如图 3-15 所示。

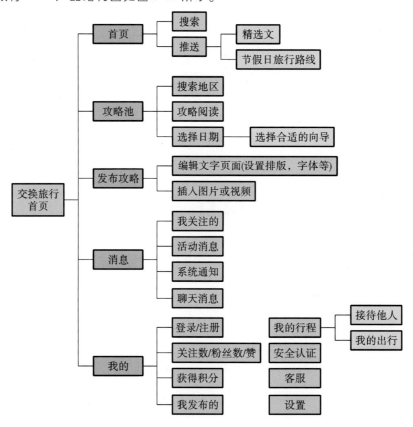

图 3-15 交换旅行 APP 产品结构图

(学生：王晨，李佳彤，李米雪)

学生作业案例 2：

根据问卷调查，大学生喜欢闲暇时间去旅行，在旅游旺季去旅行的占很小比例。在旅行方式上，喜欢自助游方式去旅行，自驾游和报团的比例相近。绝大多数的大学生喜欢在旅行时记录点滴，并喜欢徒步游玩的方式。路线、所带物品、住宿和景点内部路线是大学生旅行时最大困扰，因此都喜欢在旅行之前做一些准备。在花费和分享方式上，大学生觉得住宿是花销最大的，他们更喜欢用 QQ 的方式来分享最新动态。在 APP 上，使用方便和内存小是大学生最希望达到的。在 APP 界面上，希望简洁大方和信息清晰明了的大学生占了很大的比例。拥有记录功能的 APP，大学生更喜欢以拍照的形式书写感悟、花费和心情等，因此，APP 拥有记录功能也是大学生所希望的。大学生在 APP 中使用最多的是路线导航、订购机票与酒店和账单等功能。

创新点:

(1) 随时记录:随着时代步伐的加快,现在的人好像已经失去了写日记和记账的习惯。在本款 APP 中我们设有记录的功能,可以记录在旅行途中的心情和感悟,也可以记录账单。随时可以以拍照的方式上传您的最新动态。

(2) 选题适时:在现代人的生活中充满了工作、学习的烦恼和迷茫,一直在快节奏的生活着。所以我们想到了旅行,既可以放松身心,还可以提升素养。

(3) 功能全面:本款 APP 中设有订购的功能,可以随时订购机票、车票、酒店和景点门票,还设有记录的功能,还可以搜寻周边好店,减少在旅行中不必要的麻烦。

旅行箱 APP 结构设计如图 3-16 所示。

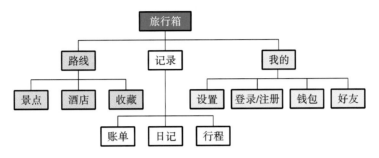

图 3-16　旅行箱 APP 结构设计

旅行箱交互流程图如图 3-17 所示。

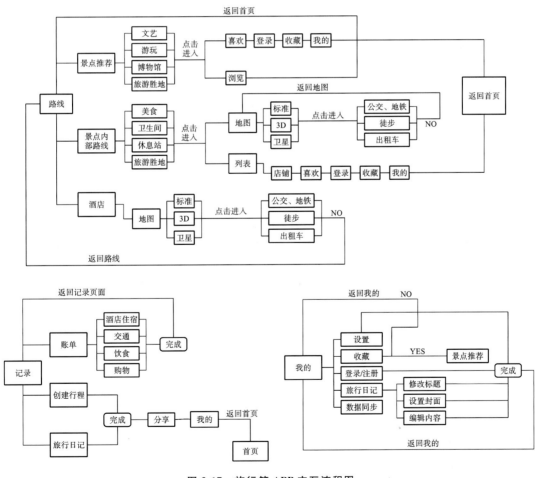

图 3-17　旅行箱 APP 交互流程图

(学生:宋艾花)

学生作业案例 3：

低保真纸膜界面设计如图 3-18 所示。

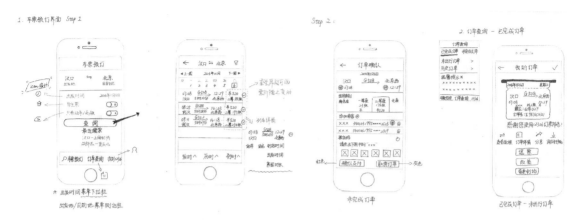

图 3-18 低保真纸膜界面设计

（学生：曹文倩）

第4章

品牌与用户界面设计

PINPAI YU YONGHU JIE MIAN SHEJI

用户界面设计(user interface design)简称 UI 设计,是指对软件的人机交互、操作逻辑、界面美观的整体设计。好的 UI 设计不仅能让软件变得有个性、有品味,还能让软件的操作变得舒适、简单、自由,让交互流程更加顺畅,并能通过视觉设计充分体现软件的定位和特点。未来的品牌在线上与线下将相互融合,APP 产品与品牌不可分割。随着软件设计技术的发展,各门类间的界限逐渐模糊,设计师会将产品的设计与品牌的树立相结合,产品将会成为品牌的主要印象,而品牌同时也会成为一种产品。品牌的外延将超越简单的被"品牌化",而更多的加入了体验。当用户滑动屏幕、发表言论、进行分享时,其实就是参与了创造、传播、展示品牌的体验。作为交互设计师,应该视创造良好的体验为责任。

4.1
用户界面设计原则

不同于印刷媒体信息传播角度出发的设计思维模式,用户界面设计是以用户需求为出发点的。因此,UI 设计的三大原则是:①置界面于用户的控制之下;②减少用户的记忆负担;③保持界面的一致性。在这些原则的指导之下,快速进入界面设计可以从以下五个维度着手进行。

4.1.1 信息系统:字体、字号与颜色的层级区分

对于界面设计而言,字体、字号的选择有相对固定的规范,不同层级的信息采用不同的字号进行区别,并且同级信息的字号要保持一致。一般而言,一个 APP 界面中的字号一般可以划分为 34 px、30 px、28 px、24 px 四个层级,如图 4-1(a)所示,这样的字号分布能够良好的适应布局结构,明晰层级,设计者在初学阶段可以借鉴以上的字号分布。当然,从设计上而言,没有绝对的字号布局方案,设计师在熟练的情况下可以根据具体的产品情况来进行字号分布。在字体颜色上,为了区分层级便于浏览,通常会根据产品需要把字体颜色深浅分成 3～5个层级,常见的有♯333333、♯666666、♯999999 组合,如图 4-1(b)所示,这个组合的层级区分较分明,适应性较广,有一定的参考价值。

34px	标题栏文字	Title
30px	正文文字	Content
28px	导航文字	Navigation
24px	备注文字	Notes

(a)界面字号层级

主要文字	#333333
次要文字	#666666
辅助说明	#999999

(b)颜色层级

图 4-1　界面字号与颜色的层级区分

4.1.2 控件系统:按钮的样式统一

在产品中按钮控件的复用度很高,要尽量保持按钮的一致性。虽然同样的一个按钮会根据页面环境的不同来设定不同的宽高尺寸,但是,即使按钮宽高不同,按钮样式也需要统一宽高比例、边框、直角、圆角、色值、文

字区域、字体、字间距等,以保证按钮的样式统一。

4.1.3 布局系统:界面内不能出现多余的间距

在设计的过程中,间距这个隐形元素往往会被新人忽略,间距能表明内容之间的层级和从属关系,凌乱复杂的间距会对用户认知造成较大困扰。

因此,设计师需要将间距当作颜色、字体、字号一样的元素来设计。一个界面中能用 5 种间距,就不要用 6 种,能用 3 种就不要用 4 种,这是一个需要做减法的设计原则,行间距设计如图 4-2 所示。

另外,内间距不要大于外间距。在内间距小于外间距的情况下,内容不会显得外扩,适于阅读;相反,内间距大于外间距时,会显得拥挤,有阅读压力,界面上的内容也会显得空洞和散乱。

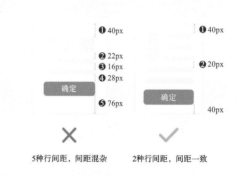

图 4-2 行间距设计

4.1.4 配色系统

主色调的调性决定产品的风格,所以在选择主色调时,要考虑产品的调性、用户对象和所要表达的气氛,以及利用色彩所希望达到的目的。确定了主色调以后,产品的辅助色可选用主色调的邻近色,也可用对比色。建议最终确定主色和辅助色之前,将拟选择的颜色应用到各界面中去看看实际效果,因为每个界面的使用环境都不同,反复验证后才能确定最终的色彩方案。

一般情况下,可选择 1~3 种辅助色配合使用,整个产品的色彩最好控制在 4 种颜色之内,过多的色彩会显得杂乱。

4.1.5 品牌系统:logo 应用

logo 的应用要考虑不同的使用场景,因此要明确各种不同的组合,比如 logo 的左右结构、上下结构、反白的情况、黑白的情况、单色的情况、底色选择的情况、最小尺寸,以及错误的使用方式都需要标示出来。

4.2
界面设计尺寸

4.2.1 手机界面元素及尺寸

刚开始接触用户界面时,碰到最多的就是尺寸问题,画布要建多大、文字该用多大才合适、要做几套界面才可以等。目前,市场上主流的智能手机主要为苹果(iPhone)iOS 系统手机和安卓(Android)系统手机,移动端设备屏幕尺寸非常多,碎片化严重,尤其是 Android 系统手机,会有很多种分辨率:480 px×800 px,480 px×854 px,540 px×960 px,720 px×1280 px,1080 px×1920 px。近年来,iPhone 的分辨率也增多了,有 640 px×960 px,640 px×1136 px,750 px×1334 px,1242 px×2208 px 等。实际上,在设计的时候并不是每个尺寸都要做一套,可以按自己手机的尺寸来设计,方便在手机上预览效果,也可以直接使用 iPhone 7 的 750 px×1334 px 的分辨率来做,iPhone X 以后,取消了实体 HOME 键,屏幕变为全屏倒角,分辨率达到 1125 px×2436 px。设计 Android 应用时,有的设计师喜欢把画布设为 1080 px×1920 px,有的喜欢把画布设为 720 px×1280 px。

iPhone 手机的 APP 界面一般由状态栏、导航栏、主菜单栏、内容区域四个元素组成。状态栏,就是我们经常说的信号、运营商、电量等显示手机状态的区域;导航栏,显示当前界面的名称,包含相应的功能或者页面间的跳转按钮;主菜单栏,类似于页面的主菜单,提供整个应用的分类内容的快速跳转;内容区域,展示应用提供的相应内容,整个应用中布局变更最为频繁。以 640 px×940 px 的分辨率为例,在这个分辨率下状态栏的高度为 40 px,导航栏的高度为 88 px,主菜单栏的高度为 98 px,内容区域的高度为 734 px。在进行 iPhone X 设计的时候我们依然可以采用熟悉的 iPhone 7 的设计尺寸作为模板,只是高度增加了 290 px,设计尺寸为 750 px×1624 px。注意状态栏的高度由原来的 40 px 变成了 88 px,另外底部要预留 68 px 的主页指示器的位置。

Android 系统手机的 APP 界面和 iPhone 手机的基本相同,也包括状态栏、导航栏、主菜单栏、内容区域。但是在Android规范中,没有对导航栏、工具栏等尺寸的明确规定。一般来说,在 720 px×1280 px 的尺寸下,常规的状态栏高度为 50 px,导航栏高度为 96 px,主菜单栏高度为 96 px,内容区域高度为 1038 px。Android 最近推出的手机几乎都去掉了实体键,把功能键移到了屏幕中,高度也是和主菜单栏一样为 96 px。

iPhone 和 Android 系统各主流手机型号界面与元素尺寸如图 4-3 所示。

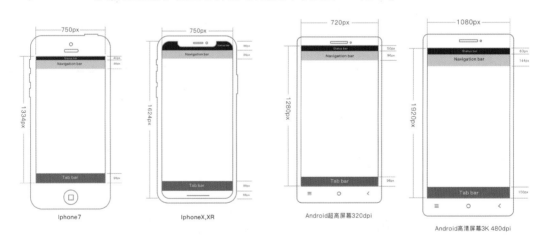

图 4-3 iPhone 和 Android 系统各主流手机型号界面与元素尺寸

4.2.2 界面设计字体与字号

字体是移动界面设计的关键,在界面设计中,大多数的操作都是通过点击文字或图标实现的,按钮占的比例其实很小。在 APP 设计中,很少会将文字放到图上,因此,大多数字体由前端工程师来实现,设计师一般会选择用户设备里自带的字体来进行设计。如果在页面中用了大量第三方字体,用户的设备没有这些字体就会以默认字体来显示,最终效果会和视觉稿有很大出入。因此建议针对不同手机与系统所带字库,选择相应的字体,例如,iOS 7 默认中文字体是 Heiti SC,中文名称叫黑体-简,iOS 9 默认中文字体为苹方字体,而绝大部分 Android 手机的默认字体都是 Droid sans fallback,即谷歌自己的字体,与微软雅黑很像,手机字体对比如图4-4所示。

图 4-4　手机字体对比

对于界面的信息传达而言,文字间的层级关系至关重要,利用颜色和不同粗细的文字来保持文字的布局和信息层级的清晰易懂是界面设计的重要内容。从具体操作上来讲,文字的层级一般用字号区分,不再用不同字体区分,因此字体的数量应做减法。例如:苹果推出了苹方字体,提供了同字系的不同粗细的字体,包括苹方中等线 Medium、苹方常规体 Regular、苹方细体 Light,满足了界面的统一性与层级区分的要求,iPhone 6,iPhone 6 plus,iPhone 7 字体规范见表 4-1。对于手机界面设计而言,一种字体,加上 4 种不同的字号,再加上 3～5 个不同层级的灰度就足以满足对信息层级的区分了,iPhone 6 界面字体与字号范例如图 4-5 所示。

表 4-1　iPhone 6,iPhone 6 plus,iPhone 7 字体规范

文 字 层 次	字 体 规 格
导航栏标题:34 px	按钮和表头:34 px
表格标签:28～30 px	正文文字:30 px
辅助说明文字:24～28 px	Tab 页图标标签:20～24 px

iPhone 6界面字体与字号范例

图 4-5　iPhone 6 界面字体与字号范例

对于 Android 系统手机的 APP 界面设计而言,720 px×1280 px 尺寸的设计稿上,字体大小可选择 24 px、28 px、32 px、36 px ,主要是根据文字的重要程度来选择,特殊情况下也可以选择更大或更小的字体,如图 4-6 所示。

图 4-6　Android 界面字体与字号范例

4.2.3　框架和基础控件

每个平台都有属于自己的规范,特别是对框架和基础控件的熟悉,是初入移动领域的设计师需要特别了解的。iOS 的按键追求简化,Home 键负责 APP 的退出,所有操作基本都是在 APP 内完成的。如图 4-7 中 iOS 应用的架构布局所示,导航栏在所有应用中基本通用,包括标题、返回和当前页的重要功能键,标签栏是很好的架构扁平化设计。

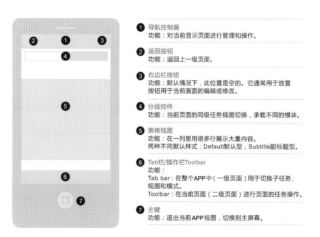

图 4-7　iOS 平台框架与基础控件

相较于较为封闭的 iOS,Android 更加开放,它的 APP 界面的架构布局中,导航栏作为重要的结构元素,通常贯穿整个 APP,为界面进入和返回提供导航,并显示当前页面的各种重要操作,如图 4-8 所示。

iOS 平台与 Android 平台差异如下。

图 4-8　Android 平台框架与基础控件

iOS 平台没有实体返回按键,所以设计层级间的导航,APP 本身一定需要有返回按钮,物理 Home 键只负责退出。Android 平台有实体返回键,在最新的 Android 指南中,应用中多了"返回上一级"按钮。设计师在考虑信息层级时需要注意怎样将其与硬件返回区分开,让产品的返回效率最高,同时不让用户困惑。

4.2.4　界面设计步骤

以 iPhone 的界面设计为例,其设计步骤如下。

第一步:设置画布大小。

iPhone 6 的 750 px×1334 px 和 iPhone X 的 750 px×1624 px 是目前常用的设计稿尺寸,iPhone 6 的尺寸,向下可以适配 iPhone 4 和 iPhone 5,向上可以适配 iPhone 6 plus。

第二步:APP 首页的绘制和构建。

一个完整的 APP 界面包括状态栏、导航栏、主体视图和标签栏。开始界面设计之前,首先要设定界面的颜色、主字体、图形、间距和留白,也可以边设计边调整,但是一定要心中有数。文档建立之初就设置好参考线是个很好的工作习惯。上下的参考线很容易设置,因为是根据 iPhone 自身系统设置的,左右的参考线习惯设置为 24 px,也就是显示内容距离边框的距离。在第一屏幕有限的空间里面放置 3～3.5 个重要的栏目即可。

(1) 状态栏的绘制。

可以直接借用其他设计师已经设计好的状态栏,比如从 APP 设计模板当中去获取,也可以对手机截屏后临摹。

(2) 导航栏的 UI 绘制。

导航栏的布局一般分为:左边图标、中间主体文字(字体大小 34～38 px)和右边图标。如果还没有独立绘制图标形状的能力,可以从网上下载相应的图标素材使用。

(3) 主体视图的 UI 绘制。

可以从同行或类似的 APP 中寻找灵感。一般而言,APP 首页只需几个图标和一个背景图。当然也可以先从绘制首页主体框架开始,再去绘制里面的细节模块。一般来说,如果前期交互原型和产品风格确定了,一天出 8～9 个页面是没有问题的,一个项目如果 50 多个界面,大概一周就可以完成。至于临摹慢的问题,APP 设计其实有规范,包括不同模块的字号、大小,这个在前文已经讲过,此处不再赘述。速度跟不上的原因,一是对规范不熟,二是做得少。临摹 APP 没必要做到分毫不差,重点在于视觉效果的协调。即使是已经上线的 APP,

它的设计本身也可能存在问题,所以临摹要灵活。

(4)标签栏的 UI 绘制。

一般情况下,APP 标签栏最多放置 4～5 个菜单栏目。标签栏的 UI 组成很简单,等分划分区域,每块区域是图标加文字的组合。

4.3
图标设计

4.3.1 图标设计原则

图标设计在 UI 设计中所占的比例越来越大,很多界面设计师都是从图标设计开始的。精美的图标设计往往能起到画龙点睛的作用。但是在现实设计中,很多设计师往往过度追求图标的视觉效果而忽视了最重要的识别性和图标所处的环境。因此,在图标设计之前,要先了解图标设计的规范和原则。

总的来说,图标设计的原则可以概括为以下几点。

第一,可识别性原则。可识别性原则是指图标要能准确表达相应的操作,这是最基本、最关键的原则。第二,差异性原则。差异性原则是指要能一眼看出同一界面上不同图标间的差异。这是图标设计中很重要的原则,也是在设计中最容易被忽略的。在一套图标设计中,如果各个图标需要使用相同的元素,那就要尽量放大它们之间的差异,减弱它们之间的相似性。第三,合适的精细度与元素个数原则。图标的可用性随着精细度发生变化,是一个类似于波峰的曲线。在初始阶段,图标可用性会随着精细度的变化而上升,但是达到一定精细度以后,图标的可用性往往会随着图标精细度的上升而下降。第四,风格统一性原则。有自身独特风格的图标在视觉上应该是协调统一的,这样的图片给人的专业感也更强,如图 4-9 所示。

图 4-9　风格统一的图标设计

事实上,现今的网络资源非常丰富,我们可以很轻松地从网上下载到各种各样的图标素材,但是为什么有些企业还会花大价钱请图标设计师进行图标设计呢? 就是因为东拼西凑的图标不成体系,没有一致的风格,而缺乏一致风格图标的界面则会让整个界面设计显得粗制滥造。

4.3.2 图标设计风格

UI 最重要的组建之一就是图标,图标的设计风格主要分为 3D 风格与平面化风格两大类,在这两大类中又可细分为很多种类型。细分的风格里,写实风格又分为拟物风格、轻拟物风格、微写实风格、剪影风格、极简风格。图标设计风格如图 4-10 所示。随着扁平化设计的发展,用户界面设计越来越注重图标的简洁与寓意表达,平面化风格图标已占主导地位,线性图标、填充图标、面型图标、扁平图标、手绘图标成为现代图标设计的主流风格,如图 4-11 所示。

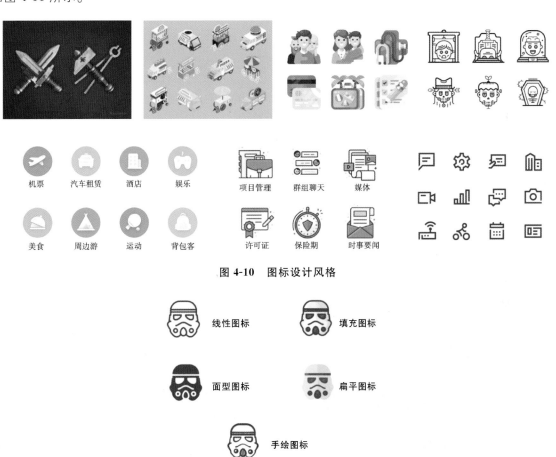

图 4-10 图标设计风格

图 4-11 现代图标设计的主流风格类型

(设计者:Justas Galaburda)

扁平化图标是以线、面为主要造型元素,采用剪影的方式对意义进行象征性表现的。扁平化图标在图标风格上,有纯面或纯线的表现方式,也有线面结合的表现方式;在造型上有单体造型,也有多个元素的组合造型。线与面之间的独立与结合的变化,形成了简化的微写实图标和剪影的正负形图标。

(一)简化的微写实图标

简化的微写实图标在造型和组合上较写实,不是纯剪影,是写实过渡来的简化,主要是利用面和颜色来进行造型的设计。其质感风格可以分为纯平面、折叠、轻质感、折纸风、长投影、微立体六种类型。这种图标容易塑造风格,但是在色彩搭配上要仔细推敲,用在界面里也较为突出。同时,还有一种低面建模的风格也非常流行,是用色块来进行二维、三维的装饰表达的。微写实图标设计如图 4-12 所示。

图 4-12　微写实图标设计

(二)剪影的正负形图标

剪影的正负形图标通常是单色表现,也有综合彩色表现的。相较于微写实图标,剪影风格的图标更加简洁、抽象,更适合小界面的手机应用,因此也更为常用。剪影风格的图标在图标设计上讲究高度提炼精华与意境表现,但是过度提炼又会阻碍意义传达,因此,非常考验设计的理性与感性在功能传达上的逻辑思维,也是 UI 界所谓现代极简主义的代表。

负形图标也叫线形图标,是以线绘制的高度的轮廓概括的图形,对线的精准程度要求较高。负形图标看似简单,却是所有图标中最讲究也最难表达的一种风格,稍有偏差就很容易显得俗气和简陋。正形图标则是以面绘制的图形,也有和线综合表现的情况。正负形图标设计如图 4-13 所示。

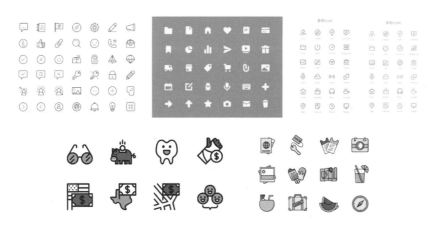

图 4-13　正负形图标设计

4.3.3　图标设计方法

要制作一套风格统一的图标可以按照以下步骤进行。

第一步:在设计之前,先确定风格。

确定风格时,需要想一想以下的问题:准备设计的图标是简约的,还是精致的? 是平面的,还是立体的? 是古典的,还是现代的? 是写实的,还是卡通的? 是单色的,还是多彩的? 是抽象的,还是具体的? 是有框的,还是无框的? 可以搜索与图标相关的品牌来找找元素,同时好好留意一下品牌使用的形状、颜色和字体等,试着找一下它们的调性。所有的这些会告诉你应该用什么样的风格,同时会对你的工作流和风格化方面加上许多的限制。如果你刚好没有什么特别喜欢的风格,那么,推荐所有的新手都从线性图标开始练起。

第二步:用铅笔在白纸上勾勒出草图。

用什么符号图形代表什么操作,在画的时候,尽可能地想象第一步的风格定义。图标设计草图如图 4-14 所示。

图 4-14　图标设计草图

第三步:利用网格与基本图形绘制正稿。

用计算机绘制正稿时要结合草图对图标的比例关系用网格进行规范。网格是一种画板内的参考线,最大的作用就是通过一套合理的结构来保证你的图标组看起来和谐一致。图标看起来应该是超级简洁的,但如何提取最简洁的图标造型不是一件容易的事。图标越小,细节应该越少。那么,怎样才能知道在一个图标里做多少的细节呢,怎么保证细节最少的情况下又不损失其识别性呢? 这些都是图标设计中的关键问题,使用基本图形是设计简洁图标的一个很好的办法。使用网格与基本图形设计图标如图 4-15 所示。

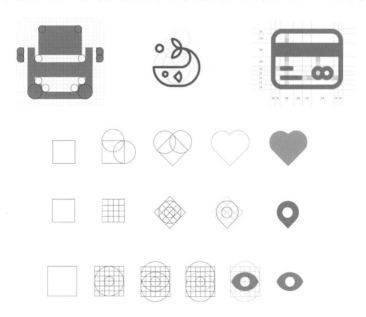

图 4-15　使用网格与基本图形设计图标

一般来说,所有复杂的图标都可以用基本图形来组成,图标的使命是传达信息,因此它需要很明晰,这就是为什么要使用基本图形来表示图标要代表的意思。初学者可能会在使用基本图形将一个复杂实物变成一个简单图形的过程中遇到许多困难,而解决这些困难的办法只有一个,那就是练习。第一个技巧是聚焦在你选择的物体的特点上。在设计中强调关键元素非常重要,同时牢记少即是多,如果有什么元素你去掉它也不妨碍理解,那么就去掉它。第二个技巧是草图,这样做主要是因为会很快,唯有不断练习才能帮助你理解这一切。

第四步:系列图标设计。

当单个图标设计确定好后,其他的图标必须延续其风格设定,例如造型规则、样式、细节特征等,图标设计细节如图 4-16 所示。设计师要在简约与装饰之间把握平衡的度,这个度的把握正是考验设计师是否成熟的标志。优秀的图标是能够平衡识别性、简约性与装饰性的。

图 4-16　图标设计细节

第五步:统一色彩,准备好调色板。

可以从软件的调色板面板里调出一种风格的色彩,略加调整。在画图标的时候,尽可能选择自己定义好的颜色。这样就能尽可能地保证图标色彩的统一,图标色板如图 4-17 所示。

图 4-17　图标色板

第六步:与环境相协调。

图标是不会单独存在的,它们最终要被放置在界面上,如图 4-18 所示。因此,图标的设计要考虑图标所处的环境,例如,界面是星空主题,就可以考虑设计星座、星球,或者飞船等一系列的图标;如果界面是平面的、简约的,可以考虑设计一些扁平化风格的图标,这样整个界面会很协调,在简洁的界面里,会透露出一种简约之美。事实上,扁平化设计风格已成为当今图标设计的主流,这与图标设计简洁原则和寓意表达的原则正好契合。

第七步:坚持原创。

这一条对图标设计师提出了更高的要求,但是切忌过度追求图标的原创性和艺术效果,这样做往往会降低图标的易用性,也就是所谓的好看不实用。当然,这里也要看产品的侧重点,如果考虑更多的是情感化的设计和艺术效果的展现,这样做也无可厚非。

系列图标与界面应用如图 4-19 所示。

图 4-18　图标与应用场景
（图片来源：站酷网）

图 4-19　系列图标与界面应用（学生作业）
（设计者：尉鸿意、梁墨、戴玮明）

4.3.4　图标设计尺寸

界面设计中的图标一般应用于主屏幕启动、导航栏、工具栏和标签栏中，用来代表 APP 特有的内容、功能或模式。图 4-20 所罗列出来 iPhone 和 Android 图标的设计尺寸可以为自定义图标和图片作参考。

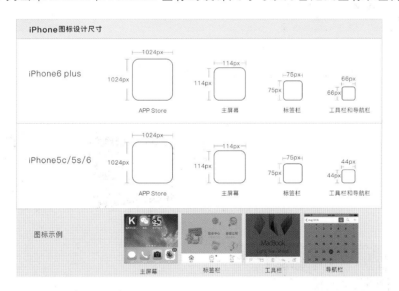

Android图标设计尺寸

屏幕大小	启动图标	操作栏图标	上下文图标	系统通知图标(白色)	最细笔画
320 px×480 px	48 px×48 px	32 px×32 px	16 px×16 px	24 px×24 px	不小于2 px
480 px×800 px 480 px×854 px 540 px×960 px	72 px×72 px	48 px×48 px	24 px×24 px	36 px×36 px	不小于3 px
720 px×1280 px	48 dp×48 dp	32 dp×32 dp	16 dp×16 dp	24 dp×24 dp	不小于2 dp
1080 px×1920 px	144 px×144 px	96 px×96 px	48 px×48 px	72 px×72 px	不小于6 px

图 4-20　iPhone 和 Android 图标设计尺寸

4.4

界面设计内容

4.4.1 APP 品牌与启动页设计

产品的 logo 是建立产品品牌的重要元素,logo 的设计质量直接关系到产品的品牌形象与后期价值。logo 设计确定以后,会应用到各种页面中。因此,在 logo 定稿前要将 logo 的各种组合方式整理并应用到不同的环境中,如图 4-21 所示。

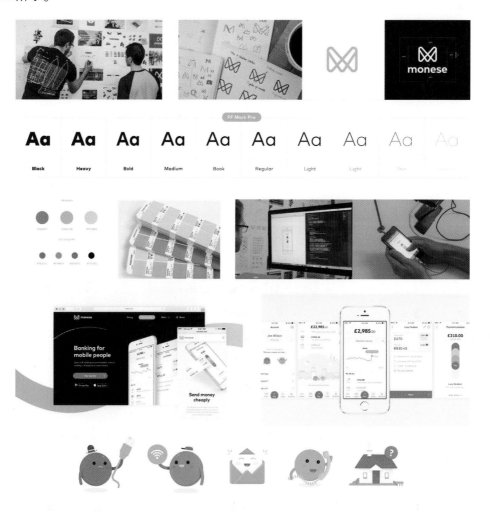

图 4-21 logo 在不同环境中的应用

go 酱 APP 界面与品牌设计如图 4-22 所示。

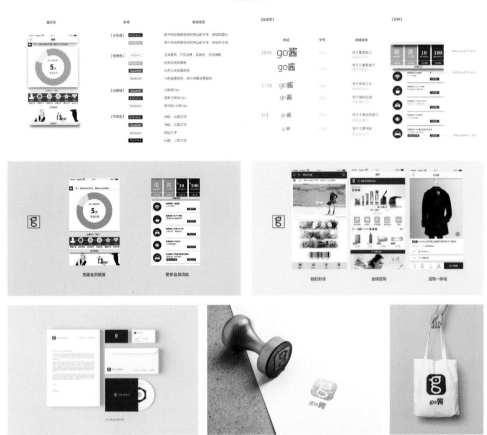

图 4-22　go 酱 APP 界面与品牌设计（学生作业）

（设计者：吴尧，赵月，史华峰）

对于 APP 设计而言，启动页是为了缓解用户等待加载数据内容出现的一个界面，也是用户看到的第一个界面，启动页的设计可以增强用户对应用程序快速启动并立即投入使用的感知度。启动页是 APP 的形象 logo，是字体和设计风格的集中展示，好的启动页会给用户留下良好的第一印象。在启动页设计中，APP 的 logo 设计是启动页设计的核心。对于一些跨平台的界面而言，logo 设计能够让品牌更加深入人心。好的 APP logo 设计与标志设计的原理基本相同，要利用辅助线寻找 logo 图形内部的关系，调节正负形图标间的对比与均衡，logo、标准字与广告语的标准组合也应出现在启动页上。同时，在色调的确定上，内页的主色调也应与 logo 的设计保持一致。在启动页的设计上还需要注意不要强制用户阅读，可以在启动页右上方设置跳过按钮，或者启动页经过几秒停留后自动切换到 APP 首页。

概括来说，要设计出一个好的启动页作品，必须满足三个特征：第一，简单。在启动页中，文案是极为简短精练的，启动页一般由一张图片和一句话组成。第二，直接。启动页中的文字表述简单直接，基本没有过多的修饰性词语。第三，图为主、文为辅。启动页中，图片约占三分之二的区域，文字约占三分之一的区域。启动页设计如图 4-23 所示。启动页设计类型如图 4-24 所示。

图 4-23 启动页设计

引导设计

幻灯片引导   浮层式引导   遮罩式引导   嵌入式引导   互动式引导

图 4-24 启动页设计类型

4.4.2 引导页设计

引导页是用户在首次安装并打开应用后,呈现给用户的说明页。目的是希望用户能在最短的时间内,了解这个应用的主要功能、操作方式,并迅速上手,开始体验之旅。因为是展现给用户的第一印象,所以设计师需要非常用心地去处理引导页的设计。引导页设计的主要模式有幻灯片引导、浮层式引导、遮罩式引导、嵌入式引导、互动式引导。幻灯片引导页设计如图 4-25 所示。

图 4-25 幻灯片引导页设计

4.4.3 首页界面设计

移动端首页界面设计主要有四种类型:入口导流型、瀑布流型、对话列表型和地图导航型。

(一)入口导流型首页界面设计

入口导流型首页界面设计是目前最常见的一种移动端首页设计类型,主要采用宫格形式的首页布局。一般包括活动横幅广告展示、主要频道、品类、搜索等入口,引导用户尽快进入二级页面。换句话说,首页不再是真正的消费内容和与用户对话的主场景,而更多的是起到分流的作用,例如支付宝 APP、携程 APP 等都采用的是这种形式,如图 4-26 所示。

图 4-26　入口导流型首页界面设计

入口导流型首页界面是目前 APP 首页设计的主要布局方式,特别是一些工具型的 APP 偏向于采用这样的首页布局。这种首页设计的优点是简单明了、功能清晰,首页页面也相对比较短。它的缺点则在于与用户的交互少,而且如果首页分类不合理,也会导致用户选择困难。

(二)瀑布流型首页界面设计

瀑布流型首页界面设计是将首页作为用户的主要使用场景,其典型做法就是在首页可以无限加载内容。时尚电商 APP、新闻类 APP 和图片社交类 APP 常采用这种首页形式,例如唯品会 APP、聚美优品 APP、花瓣网 APP 等,如图 4-27 所示。

图 4-27　瀑布流型首页界面设计

这种首页设计方式最大的优点在于,用户可以在首页尽可能的完成自己想要的交互和消费场景,减少层级的跳转。它的缺点在于交互形式比较单一,缺乏趣味性,如果加载时间过长出现延时等问题时体验欠佳。

现在许多购物类 APP 将导流型首页与瀑布流型首页相结合,综合了导流型的分类清晰,瀑布流型的页面丰富和不用多次层级跳转的优点,例如淘宝 APP 首页,如图 4-28 所示。

图 4-28 淘宝 APP 首页

(三) 对话列表型首页界面设计

社交类 APP 常采用对话列表型首页界面设计,例如微信、QQ 等,如图 4-29 所示,用户也已经习惯了这样的移动端的操作习惯,列表上的人名构成了用户的朋友圈,点击列表上的名称,就可以与对方交流已成为用户的共识。为了改善相对刻板的列表型界面,瀑布流型和对话列表型相结合的方式成为社交软件的标配。

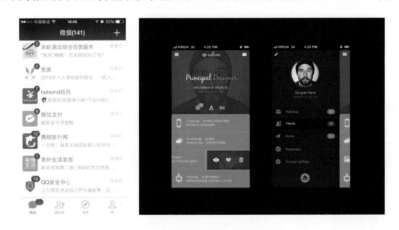

图 4-29 对话列表型首页界面设计

(四) 地图导航型首页界面设计

地图导航型首页界面设计基本都是以地图为主要功能点的一些 APP。例如百度地图、高德地图、滴滴打车、优步等,如图 4-30 所示。这种首页的优点在于依据地图来做的一些基于用户位置服务的 APP,与用户的交互更密切,定制化的感觉较强,移动体验更好,缺点在于并不是每一个 APP 都会用到这样的地图界面。

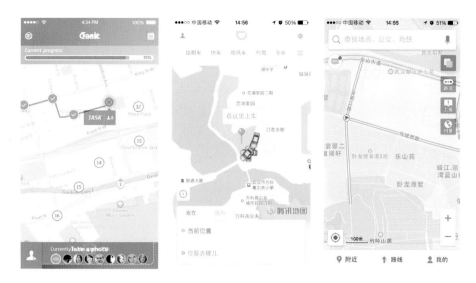

图 4-30　地图导航型首页界面设计

4.4.4　导航设计

导航设计需要突出产品的核心点,尽量做到任务路径的扁平化,同时还要考虑到导航操作的便捷性。常见导航设计类型包括标签式、抽屉式、桌面式、菜单式和点聚式,如图 4-31 所示。

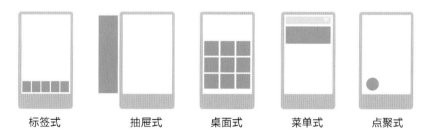

图 4-31　导航设计类型

(一) 标签式导航

在界面设计中,之所以采用底部标签式导航,是因为屏幕底部是用户可触及的最舒服的区域,把高优先级的和常用的操作放在屏幕底部是用户单手操作最方便舒适的设计,如图 4-32 所示。很多 APP 的导航设计都遵循这个规则,最重要的功能都使用了底部导航(又名 tab bar)。

位于屏幕底部的标签式导航是 iOS 系统主推的导航模式,在 Android 系统手机应用上常见于顶部。这种布局方式的优点是,能让用户直观地了解到 APP 的核心功能,也能实现在几个标签间快速跳转。标签的数量最好控制在 5 个以内,标签一般通过图标设计展现,在底部导航的图标设计上,要通过适当的视觉表现语言让用户能清楚当前所在的位置,还要注意页面之间的切换做到快速又不容易迷失。

好的标签式导航设计需要遵循以下三个原则。

图 4-32　操作舒适区域

第一,只显示最重要的目标。底部导航使用3～5个较高级的标签,避免使用超过5个的标签,过于接近的标签容易引发误操作。同时,把太多标签放在底部导航上也会增加APP的复杂程度,影响用户体验度。而且,手机移动端的底部菜单已被逐渐简化,底部导航从5个或4个降低到3个。图标的减少可以使操作更加简单,选择时的思考更加短暂,因此,应该只将最重要、最常用的图标放置在底部。

第二,传达当前位置。当前位置不明确是APP菜单一个最常见的错误,"我在哪儿?"是成功的导航应该回答的基本问题。用户应该不需要任何外部指导就知道怎样从A点到B点。所以,在设计时应该使用恰当的视觉提示,例如用图标、标签和颜色来让用户明白,图标颜色区分如图4-33所示。

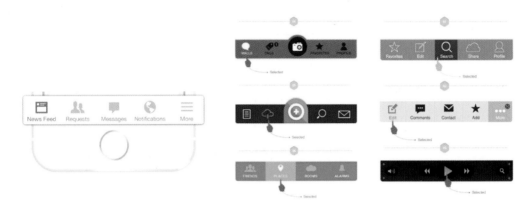

图 4-33　图标颜色区分

第三,采用图标显示。在界面设计中,由于屏幕尺寸的限制,不可能显示大段的文字内容,因此图标的使用尤为重要。图标的使用可以让导航信息更加显眼和直观,也可以避免在很小的区域内显示大量文字。在设计上,图标的大小要符合手指点击的区域要求,一般来说,图标点击区域不小于88 px。

(二) 抽屉式导航

抽屉式导航追求核心内容的突出,弱化导航界面,常见于一些信息流产品。

(三) 桌面式导航

桌面式导航是一种类似于收集桌面各个应用入口的导航方式。每一个入口往往是比较独立的信息内容,用户进入一个入口后,只处理与此入口相关的内容,如果要跳转至其他的入口,必须先回到入口汇总界面。这种导航方式在工具类APP中比较适用。每个工具都有一套独立的体系,同时也容易扩展并增加更多入口,这种导航不适合需要在几个任务间频繁切换的情况。随着移动产品内容的丰富,纯粹的桌面式导航开始减少,更多的是融入其他主导航中,承担二级导航的作用。

(四) 菜单式导航

菜单式导航也是以突出内容为主的导航方式,一般位于产品顶部,通过点击呼出导航菜单。但由于导航菜单位于屏幕顶部,不方便结合手势,操作上有难度,所以不适合频繁切换的功能。

(五) 点聚式导航

点聚式导航最早来自于PATH,它将用户使用最频繁的多个核心功能点汇聚在主界面中显示,方便用户随时呼出使用。它融合了消息提醒和一些动态互动效果,让导航更具趣味性。

除了以上这些导航设计类型外,列表式菜单设计在网站和手机APP上也很常见,它遵循由上至下的阅读习惯,所以用户使用起来不会觉得困难。另外,还可以通过漂亮的配色、图标的组合来设计菜单,使菜单更加美观。

"豆芽"手工客一级界面设计如图 4-34 所示。

图 4-34 "豆芽"手工客一级界面设计(学生作业)

(设计者:姚杨,张雅琼)

4.4.5 通知设计

通知的设计方式,应该做到及时将用户关心的信息内容传递给用户,信息要针对用户的需要,或者是否内容紧急,否则很容易引起用户的反感,通知设计类型和通知设计范例如图 4-35、图 4-36 所示。通知设计的原则:及时传递有效信息,要能引起用户注意,但又不打断当前任务,能做到预览通知内容简单,让用户来决断是否立即查看。如果有多条同类信息,合并处理。

图 4-35 通知设计类型

图 4-36 通知设计范例

4.4.6 控件

字体——在移动产品的设计上,如果没有特殊要求,字体一般都是采用系统默认的。在 iOS 7 平台中,中文选择黑体或者 Heiti SC,英文选择 Helvetica(Nene);如果设计 Android 平台的应用,中文选择 Droid Serif,英文选择 Roboto。

按钮——在触屏手机上没有 hover 状态,所以按钮就只有 normal、press、disable 几种状态。除了点击外,按钮还有长按的属性,一般不容易被用户发现。

输入框——移动应用的输入框,一般出现在登录和表单界面。为了让输入框更大、更方便点击,可直接将输入类型的文字提示等放置在输入框中显示。为了方便清除,在输入框中有内容的情况下,右侧可以直接显示一个清除按钮,不需要用户连续按删除键。

键盘——由于屏幕空间和虚拟按键的数量的限制,键盘是移动设计操作中成本较高的控件。键盘占据空间较大,什么时候出现和消失,对用户的感受有很大的影响。如果到达一个界面时键盘自动出现,不仅可以引导用户进行输入,而且可节省用户多余的一次点击。

iOS 7 控件如图 4-37 所示,控件设计如图 4-38 所示。

图 4-37 iOS 7 控件

图 4-38 控件设计

4.5
界面内容的信息图表设计

在界面设计中,不可避免的会出现一些数据、文字、图表等内容,这部分界面设计内容容易让人觉得枯燥无趣,而数据图表有着文字无法比拟的表现力。大量的数据可以浓缩到直观的饼图、扇形图、折线图、柱状图中,并说明问题,而且这些图表经过视觉设计师的处理还可以给人带来良好的审美体验。图表可以呈现股市波动,反映天气变化,反映人体健康状况,反映消费数据等,如图 4-39 所示。

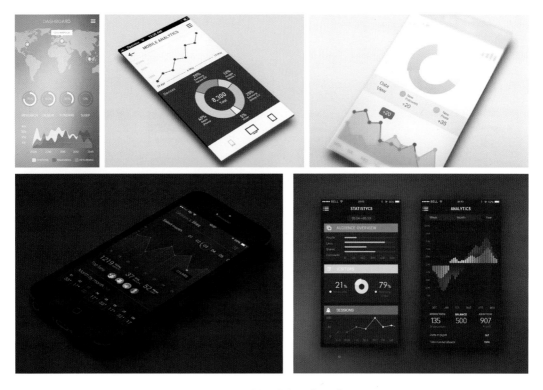

图 4-39　界面信息图表设计

4.6

界面配色设计

　　界面配色设计首先应选定色彩基调,也就是标准色,这与传统的 VI 设计有些相似。一般而言,可以针对软件类型以及用户工作环境选择恰当的色调,比如说绿色体现环保,紫色代表浪漫,蓝色表示时尚,橙色表示活力,红色代表热情,等等。

4.6.1　唯一主色调配色

　　在界面设计中,采用唯一主色调配套灰阶来展现信息层次是首选,特别是在初学阶段,设计者可以从唯一主色调入手,设计出简洁、信息层级分明的界面。在标准色的使用上,重要的部分进行小面积使用,特别是需要强调和突出的文字、按钮和图标。在文字颜色的使用上,将黑色或者深灰色用于重要级文字信息,比如标题、正文等;普通级信息、引导词,如提示性文字或者次要的文字信息,它们的色彩要比标准色和重要颜色弱;一些辅助信息用浅灰色,例如说明、注释、边角信息、分隔线等。唯一主色调设计手法做到了移动端 APP 的最小化设计,减少冗余信息的干扰,使用户专注于主要信息的获取,是目前 APP 设计中主要的色彩搭配方式。这里还需要说明的是,色彩不是单独存在的,在色彩的搭配上还要注意主体图形的选择与使用,特别是首页上的图片,一定要选用视觉效果好、质量清晰的图片,最好能在色调上与标准色保持一致,这样才能设计出打动人心的界面,如图 4-40 所示。

图 4-40　唯一主色调界面设计

在界面设计中,还要遵循对比原则,简单来说,就是浅色背景使用深色文字,深色背景上使用浅色文字。例如,蓝色文字以白色作为背景容易识别,以红色作为背景则不易分辨,原因是红色和蓝色没有足够的反差,而蓝色和白色反差很大。道理虽然简单,但是在界面设计实践中,经常出现反差过小,画面灰暗的情况,特别是黄色调底色上采用白色字体。要学会远观屏幕,看图片及文字是否足够清晰,或者将电脑上设计的界面导入手机中,全屏预览检查。

4.6.2　多彩色

与唯一主色调形成对照关系的,就是多彩色。相较于唯一主色调,多彩色视觉效果更加丰富,但是熟练运用的难度也较高。多彩色搭配时,要综合考虑颜色的色相对比、纯度对比和面积对比等关系,做到协调统一。多彩色界面设计如图 4-41 所示。

图 4-41　多彩色界面设计

对于一些内容型的 APP,多彩色方案也许并不适用,如 Google Keep 的多彩卡片,在内容阅读上会起到反效果;再如,百度云记事本第一版设计也是多彩色的,但是后来考虑到文字记事比较多,为提供良好的文字阅读体验,还是将多彩色改成灰白色微质感的设计。

4.6.3 界面设计的整体关系

在界面设计中,要注意各界面间的黑白灰对比关系,要通过使用彩色与灰色的搭配,增大明度对比,使界面中应被突出的交互流程得到强调。界面设计的目的是引导用户的点击流程,帮助用户快速、准确地获得信息并进行交互。对于多界面间的关系,要注意满与空的对比与节奏,一定不要为了追求所谓的设计风格影响内容的阅读,要将界面设计与信息层级、用户交互相结合,界面整体设计如图 4-42 所示。

图 4-42 界面整体设计

"seer"美食 APP 界面设计如图 4-43 所示。

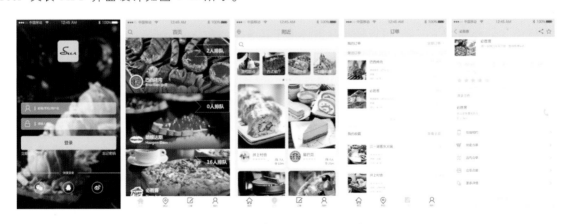

图 4-43 "seer"美食 APP 界面设计(学生作业)

(设计者:郭跃桐,王程明)

4.7
动画设计

    精美的动画设计能使应用体验更具动态性,更富情感性,它能更准确地传达状态,增强用户对于直接操作的感知。随着 html5 和 CSS3 的发展,手机的加载负担大大减少,用户可以在手机端体验到更加流畅的动画效果。例如,进程类、演示类动画,内容不再是从 0 到 1 的跳转,而是加入了动画过渡,让复杂的程序语言转化为动态视觉语言——"我正在处理你的内容,请稍等",一方面可以带给用户安全感,另一方面也缓解了因等待而产生的焦躁感。动画设计需要遵循以下原则:一般状态尽可能与系统默认动画模式保持一致,尊重用户习惯;效率优先,巧妙掌控时间和效果;注意降级适配,确保动画在低端执行时也能顺利进行。

4.8
界面设计软件——Sketch

    Sketch 是一款帮助 APP 设计师精准定位的矢量制图软件。Sketch 容易理解且上手简单,有经验的设计师花上几个小时便能将自己的设计技巧在 Sketch 中运用自如。对于绝大多数的数字产品设计,Sketch 都能替代 Adobe Photoshop、Illustrator 和 Fireworks。

    Sketch 软件内部拥有智能标记功能,这比标记软件方便得多,这项智能标记功能可以解决让设计师头疼的标注工作。借助 Sketch 的切片工具,可以轻松导出适用于 iOS 系统和 Android 系统的各种尺寸的图标,而不必理解其中复杂的尺寸原理,可以精确的切出而没有毛刺,精确适配 xxhdpi、xhdpi、hdpi。对于 iOS 下一倍和两倍的切片,Sketch 的对齐工具可以帮我们更轻松的对齐大部分的元素,Sketch 中没有画布的概念,设计师可以在Artboard整个空白区域中进行创作,我们可以在一张画布上创建无数张 Artboard。这对于 APP 的连贯性来说,是非常有帮助的,我们可以将一个 APP 界面看作一个 Artboard,然后在一个界面中,对比和查看它们的不同之处,或者将它们的交互过程串联起来,然后我们可以将这些 Artboard 以 PDF 的形式导出或者分为一个个的图片文件,方便产品经理或开发者查看。Sketch 还有丰富的素材库,设计师可以直接调用 Android 系统或者 iOS 系统自带的控件,比如弹出的提示框、浮动键盘等,能让设计师节省更多时间用于更加核心的产品设计思考上。Sketch 中自带了一个 mirror 的功能,此功能可以将设计师的设计稿在移动设备上即时预览查看,非常方便。

    对于产品经理来说,用 Sketch 来绘制原型图非常简便,相对于 Axure 偏重于网页端的设计而言,Sketch 丰富的组件库和精确的尺寸控制让手机 APP 原型图更逼真。目前,Sketch 只能在苹果电脑上使用,PC 端还未开发。如果没有苹果电脑,我们也可以使用 Axure 和 Adobe illustrator 来设计手机界面与交互,毕竟软件只是工具,真正进行设计的还是设计师。

4.9

APP 视觉包装

想要让 APP 界面设计给客户或者用人单位一个良好的展示,必须学会去包装自己的手机 APP 界面设计作品。常见的展示包装方案有以下几种。

4.9.1 对称排列站队法

选择 3~5 张精美的界面设计作品,并以从中心向两侧的形式展开。对称排列站队法的设计技巧是,选一张与 APP 主题内容相似的大背景,或者采用与 APP 标准色一致的背景色。中间的界面作品采用一个真机模型展示,两侧的界面图片可以略小,呈透视效果。在排版上,将 APP 的 logo 与广告语进行组合排列,对称排列站队法视觉包装设计如图 4-44 所示。

图 4-44 对称排列站队法视觉包装设计

4.9.2 3D 立体展示

3D 立体展示的 APP 界面设计作品非常具有视觉冲击力,很吸引眼球。国外的一些优秀的 APP 设计展示经常采用这种作品包装形式。3D 立体展示运用的设计手法比较多,有变形、透视、投影、模糊等技巧,3D 立体展示视觉包装设计如图 4-45 所示。

4.9.3 手持移动设备展示法

顾名思义,这种方法就是借助一些手持真机的场景素材,搭配设计好的 APP 界面,对真实移动使用场景进行模拟,让 APP 设计效果更具真实性,手持移动设备展示法如图 4-46 所示。

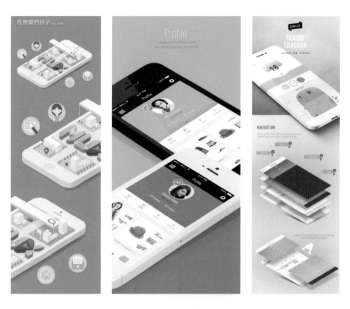

图 4-45　3D 立体展示视觉包装设计

图 4-46　手持移动设备展示法

4.9.4　平面设计法

　　平面设计法是一种非常简单的布局方法,最能对界面设计的真实情况进行整体展示,但是展示的视觉效果会偏弱。为了兼顾真实性与展示效果,在选用这种展示方法时要注意采用合理的背景、文字和 APP 界面元素组合搭配,例如,界面设计大小一致,但是可以采用背景衬托、平面与立体效果结合、版式编排技巧等来提升 APP 设计作品展示包装的视觉体验,平面设计法如图 4-47 所示。

　　"上心"音乐分享 APP 界面包装设计如图 4-48 所示。

图 4-47 平面设计法

（图片来源：站酷网、花瓣网）

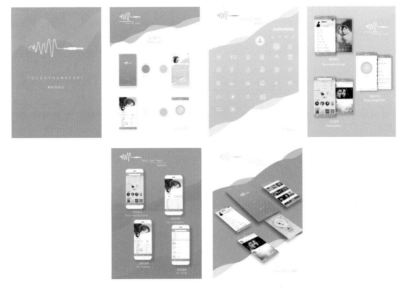

图 4-48 "上心"音乐分享 APP 界面视觉包装设计（学生作业）

（设计者：高子月）

4.10
切图命名与界面设计规范

4.10.1 APP 界面切图命名和文件整理规范

APP 的切图可分为下面几大类：背景、按钮、图示、图片、照片、TabBar icon 等。为了让切图便于管理，通常会以图片性质命名。例如 bg-xxx. png、btn-xxx. png、img-xxx. png、tab-xxx. png。

掌握好整理文件和上传的方法,有一份清晰的切图文档,能高效的开展和视觉之间的沟通。

(1) 正切精准的命名。

正切精准的命名规范如图 4-49 所示。

(2) 归纳切图类别(见图 4-50)。

通用文件归纳法,比如类目 icon,可以把一些常用的类目图标都整理在一个文件夹中。这样做可以解决视觉设计中不同页面但相同功能 icon 不统一的问题,还可以帮助开发人员更加容易找到类目图标。

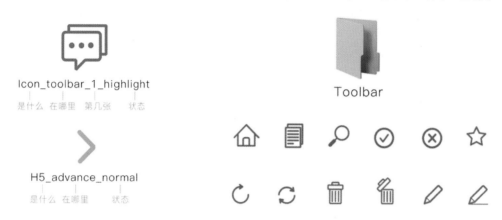

图 4-49　正切精准的命名规范　　　　　图 4-50　归纳切图类别

控件归纳法:一些常用的空间,例如 navi、toolbar、setting、tab-bar 等也可以整理成一个通用的切图包。

(3) 一个页面一个文件夹(见图 4-51)。

即使归纳总结,零碎的切图也不可能完全分类,于是剩下的一些内容就需要按照一个页面一个文件夹的方式来整理。这样,既方便开发人员使用,又便于自己更新。

(4) 切图时注意点击区域(见图 4-52)。

切图时可以把点击区域一起切,并在页面标注上相应标明。

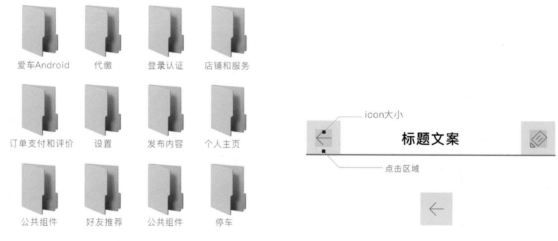

图 4-51　一个页面一个文件夹　　　　　图 4-52　切图时注意点击区域

4.10.2 界面设计规范

界面设计规范相当于界面设计的 VI 手册,规范的确定有利于规范界面的设计,避免出现开发后与视觉稿差异过大的现象,也利于不同成员间的合作开发。

界面设计规范一般包括色彩库规范、字体字号规范、图标规范、控件规范、模块规范等,如图 4-53 所示。

图 4-53 界面设计规范

4.11
课堂训练:对拟设计 APP 进行视觉细化与品牌设计

作业提示:在站点图与原型设计的基础上对交互界面进行视觉设计与细化。

课题训练说明:交互界面的设计一般先从 APP 的 logo 和启动页开始,可以先分析产品的品牌定位与特点,确定 logo 设计风格和广告语设计。

在交互界面设计时要特别注意界面规范,包括状态栏、导航栏、标签栏的高度,文字的大小,界面的色彩搭配,图标设计的风格等问题,此外还要重点关注界面设计对用户交互流程的引导以及用户体验。

学生作业案例:

Each other 语言交换 APP 品牌标志设计、图标设计、交互界面设计、界面包装设计(见图 4-54)。

图 4-54　学生作业

（设计者：张晶，高雪媛，田金帅）

学生作业案例：

口袋旅行品牌 logo 设计、图标设计、交互界面设计（见图 4-55、图 4-56）。

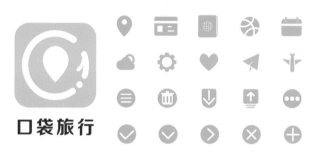

图 4-55　学生作业（口袋旅行 APP logo 与图标设计）

（设计者：宋艾花）

图 4-56　学生作业（口袋旅行 APP 界面设计）

（设计者：宋艾花）

第5章

健康类APP交互界面设计案例

JIANKANGLEI APP JIAOHU JIEMIAN SHEJI ANLI

5.1
APP 交互界面设计作业要求

(1) 选题：对于一个产品来说，必然有对用户需求的分析内容，更多的是从 MRD 与 PRD 获得，或者从产品需求评审会议上得到需求分析的内容，当然可以直接与产品经理交流获得相关产品需求。如果说设计原则是所有设计的出发点的话，那么用户需求就是本次设计的出发点。

以问题意识为出发点，以用户中心的设计视角对生活中的问题提出 APP 设计解决方案，并确定选题。

(2) 竞品分析：竞争产品能够上市并且被 UI 设计者知道，必然有其长处。每个设计者的思维都有局限性，看到别人的设计会有触类旁通的好处。当市场上存在竞品时，去听听用户的评论，别沉迷于自己的设计中，让真正的用户说话。

对同类相关 APP 进行调研与试用，提出竞品的优缺点，分析同类 APP 在用户体验与功能流程、界面设计等方面还有哪些可以改进的地方，并做出小结。

(3) 用户研究与问卷设计：有了选题方向和对竞品的深入分析后，对自己拟设计的 APP 的主体功能、拟解决的主要问题进行用户调查，验证或者修正 APP 的设计方向，并在问卷中发现新的问题，用来指导 APP 的设计。

(4) 问卷卡片法分析：对问卷结果进行卡片法分析，对同类问题进行归类，并采用小组讨论、思维导图、头脑风暴等形式对 APP 产品的定位、用户需求等进行分类与分级，从而产生 APP 的一级菜单设置。

(5) 故事板绘制：好的设计是建立在对用户深刻了解之上的，因此用户使用场景分析就显得很重要了，它可以了解产品的现有交互以及用户使用产品习惯等，但是设计人员在分析的时候一定要站在用户的角度思考：如果我是用户，这里我会需要什么。

根据问卷调查结果与目标用户定位，确定用户模型，并对典型用户的使用场景进行故事板设计，分析用户使用情境中可能出现的问题。

(6) 交互原型设计：在问卷结果分析、焦点小组、访谈等调研方法的基础上，对 APP 的功能与流程进行设计，设计的目的是简化流程，让用户能通过最少的操作达到完成任务的目标。此阶段可以通过站点图、流程图、交互原型图等手段逐渐将设计思路转化为界面原型。

(7) 界面设计与品牌塑造阶段：此部分内容包括品牌 logo 设计，标准色设计、文案设计、引导页与启动页设计、首页设计、功能页完整流程设计等。需要注意的是，虽然此部分内容看似涉及较多版式、配色等纯视觉设计上的知识，但实际上真正要解决的是利用传统视觉设计的原理使界面流程更加清晰，并同时给人带来良好的审美体验，最终达到提升用户体验的目的。很多学生在此环节由于对界面设计规范的不熟悉，常常流于配色上的简单搭配，而对手机屏幕上的小界面显示、界面设计的特定语言没有概念，更谈不上流程引导的意识。因此，这个部分虽然是设计专业学生最感兴趣的部分，但是想要设计好还是要彻底转变传统的视觉设计思维，将产品意识、用户意识始终贯彻整个设计过程。最直接的办法就是，将自己作为用户而不是设计者来思考问题。

(8) 高保真交互原型设计：界面设计完成后，与技术开发人员的交付与对接一直是设计师与工程师永远的痛处。Axure、墨刀等交互设计软件不需要编程基础,对于设计师来说很容易学习上手,将界面设计图进行切图与合成后,技术开发人员可以清晰地看到设计师想实现的效果,避免了因沟通造成的误差和时间上的浪费。

(9) 界面设计规范文档与界面包装设计:除了 Axure 或者墨刀高保真原型以外,界面设计规范文档的交付也十分必要,它可以让团队开发的界面具有一致性,也可以在版本迭代时保存原始规范。另外,有时为了界面的演示与汇报,更具有说服力,在非专业人员的会议或者产品展示时,可以设计界面包装。

(10) PPT 展示与汇报:对 APP 设计的整个流程进行梳理,并放在 PPT 中进行汇报。这样可以帮助学生回顾整个设计过程,对课程知识点的把握更加牢固。这种相对完整的项目式训练和小组成员间的协作、讨论,也会让学生逐渐建立起自己的学习方法。

5.2
健康类主题的 APP 设计案例

5.2.1 "叫觉"大学生早睡 APP 设计

设计者:杨琳,宋孜,董懿丹。

1. 选题

针对现代社会人们的熬夜现象,研发一款有助于大家改善熬夜现状的 APP。通过扣费、寝室集体加入互动等特定方式,帮助大家养成早睡早起的好习惯。

2. 同类 APP 对比分析

(1) "我要当学霸":这款 APP 的功能是比较丰富的,除了早睡早起的功能之外还有短时间防止玩手机的功能,可以在学习时使用,而且还有兴趣圈这个功能,可以阅读一些感兴趣的文章。在学习时,"我要当学霸"还有作业查询功能,这样就解决了无法使用其他浏览器应用的问题,很贴心。

问题分析:在界面设计上,"我要当学霸"以白色和红色为主,尤其是提醒界面,是大红色加上咆哮体的文字,给人一种烦躁的感觉,无法静下心来。使用"我要当学霸"时虽无法打开其他应用但可以浏览应用内部兴趣圈提供的文章,影响使用效果。"我要当学霸"有许多小功能,基本上用不到,浪费流量和内存,影响使用感。

(2) "我要早睡":"我要早睡"是一款新颖、实用的睡眠辅助软件,巧妙解决了"躺在床上玩手机不睡觉"这一世界性问题。"我要早睡"能有效改善作息时间,提高睡眠质量,是居家旅行必备的手机应用。这款软件可以设定入睡时间,会按时提醒人休息,监督早睡严厉,用词激烈。进入睡眠状态后,手机将被限制操作,如放弃早睡要被惩罚。"我要早睡"并没有真的锁定其他软件,只是用户在使用其他软件时,会被"我要早睡"监测,然后弹出斥责页面。

(3) "早睡早起":"早睡早起"APP 是一款既简单又方便的小软件。首先,它的内存小,不占用地方;其次,它的管理效率,目标明确,对于早睡以及早起有很清晰的管理方式,没有过多复杂的问题。这款软件最有意思的地方在于"起床拼图",不需要花费你多久的时间玩个游戏就能让你快速清醒,在一定程度上提升了我们的起床效率。那么最有意义的地方是什么呢?就是"互助小组"这个栏目,互帮互助早睡早起,有了伙伴的参与,使我们的生活变得不枯燥,有趣味,有动力。最后,它有统计功能,关于统计数据的分析能使我们更显而易见的清楚自己熬夜晚起的时间都花费在哪里,甚至是浪费到了哪些地方,这种统计是很有必要也是很有意义的。

3. 问卷调查

经过调查问卷结果分析统计,大部分人在日常生活中都有熬夜的习惯,并且都想要改变目前熬夜的现状。熬夜现象问卷调查如下。

熬夜现象问卷调查

您好,我们是武汉轻工大学艺术与传媒学院视觉传达专业的学生,我们正在进行一项有关社会人群熬夜现象的调查,目的是想要研发一款帮助大家解决熬夜现状的 APP。为了不耽误您宝贵的时间,我们全部采用选择题的方式,您的回答无所谓对错,愿您如实填写,我们对您的回答完全保密,谢谢您的合作。

1. 您的性别[单选题]

○ 男 ○ 女

2. 您的职业[单选题]

○ 在校大学生 ○ 上班族 ○ 自由职业 ○ 其他

3. 您通常休息的时间是什么时候?[单选题]

○ 21:00 以前 ○ 21:00—23:00 ○ 23:00—1:00 ○ 1:00 以后

4. 您经常熬夜吗?[单选题]

○ 经常 ○ 偶尔 ○ 从不

5. 您感觉自己的睡眠时间充足吗?[单选题]

○ 充足 ○ 一般 ○ 不足

6. 您通常什么时候熬夜?[单选题]

○ 每天 ○ 节假日 ○ 工作日(上学日) ○ 周末 ○ 不确定

7. 您通常熬夜的原因[单选题]

○ 工作 ○ 学习 ○ 玩手机 ○ 失眠 ○ 其他_____

8. 您因熬夜身体出现以下哪些情况?[多选题]

□ 皮肤变差 □ 黑眼圈、眼袋 □ 视力下降 □ 记忆力下降 □ 次日精神不好

□ 注意力无法集中 □ 危害不大 □ 从不熬夜

9. 您对熬夜的态度是?[单选题]

○ 不应该,应早睡早起 ○ 可以,影响不大 ○ 必要时可以

10. 通常以什么方式缓解熬夜的影响?[多选题]

□ 喝咖啡、茶提神 □ 死命坚持 □ 一有空就打个盹 □ 工作、上课时打瞌睡

□ 冷水洗脸 □ 转移注意力 □ 运动 □ 其他_____

11. 您是否想要改变目前熬夜的现状?[单选题]

○ 是,非常想要 ○ 尝试过,但无法坚持

○ 一般,影响不大 ○ 不想,感觉挺好

12. 如果有防止熬夜的手机软件您愿意尝试吗?[单选题]

○ 非常愿意 ○ 可以尝试一下 ○ 不愿意

13. 希望这样的手机软件有哪些功能?[多选题]

☐ 提醒睡觉　　　☐ 提醒早起　　　☐ 限制玩手机时长

☐ 锁定娱乐软件　☐ 熬夜早睡奖惩功能

☐ 其他_____

14. 您是否能接受此软件充值一定金额,超时扣费,按时奖励的奖惩功能?〔单选题〕

○ 是　　　　　　　　　○ 否

15. 您使用过哪些类似功能的软件?〔多选题〕

☐ 我要当学霸　　　☐ 番茄学习法　　　☐ 时间先生　　　☐ 每一天　　　☐ 其他_____

对问卷结果进行的卡片分类法分析如图 5-1 所示。

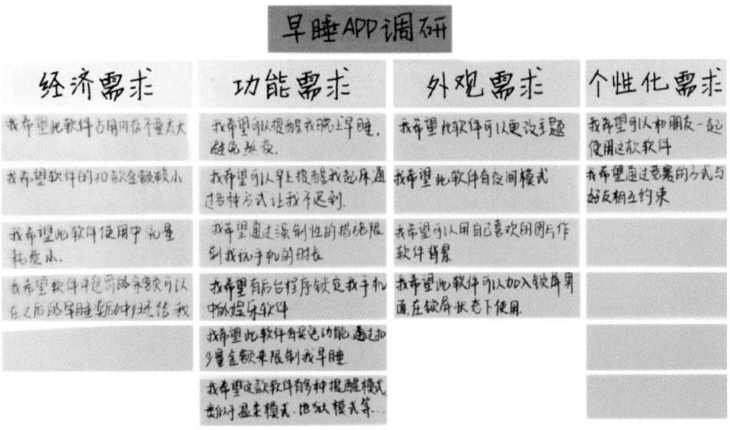

图 5-1　问卷结果卡片分类法分析

"叫觉"APP 故事板绘制如图 5-2 所示。

图 5-2　"叫觉"APP 故事板绘制

4. 设 计 定 位

"叫觉"这款软件是围绕当代大学生熬夜严重现象,以帮助大学生调整正常的作息时间为目的所设计的一款软件。当代的互联网发展迅速,大学生熬夜成了普遍现象,这款管理型软件是专门管理大学生夜晚过于沉迷手机的网络软件,根据用户设定的时间选择性关手机以及利用其他一些手段达到管理效果。另外,"叫觉"还设有早起积分排行榜,在规定的时间内早起签到成功会得到积分,积分累积到一定数量还会有奖励。

"叫觉"早起 APP 结构图如图 5-3 所示。

"叫觉"纸膜交互图如图 5-4 所示。

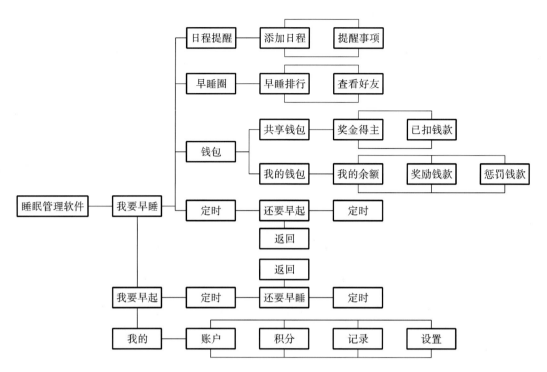

图 5-3　"叫觉"APP 结构图

图 5-4　"叫觉"纸膜交互图

以下是"叫觉"APP 的部分设计稿。

（1）logo 与图标设计如图 5-5 所示。

图 5-5　logo 与图标设计

（2）导入页设计如图 5-6 所示。

图 5-6 导入页设计

(3)界面设计如图 5-7 所示。

图 5-7 界面设计

"叫觉"APP 界面设计规范如图 5-8 所示。

图 5-8 "叫觉"APP 界面设计规范

5.2.2 "小合"社区养老 APP 设计

设计者:马璐明,陈盼盼,谭许尧。

1. 选题

当今社会已经步入老龄化,养老服务成为新的社会热点。目前老年人使用智能手机的比例较高,很多老年人也有购买养老服务的需求,因此,小组拟设计一款基于社区的互助养老 APP。

2. 现状分析

(1)市场需求分析。

从现状调查中发现,目前我国养老服务的主要形式有机构集中养老、传统家庭养老和居家养老。传统的家庭养老模式在医护及时性、生活辅助性等方面存在不足,尤其是对子女工作影响比较。而机构集中养老在情感交流、安全感获取方面存在严重不足,老年人可以从家庭和熟悉的环境中排除老年人常有的孤独和失落感,获得其他方面所无法给予的安全感和精神慰藉。鉴于这两种模式存在弊端,取两者模式之长、弃两者模式之短的居家养老模式逐步出现,它以居家为基础、社区为依托、机构为支撑的养老服务体系建设模式,是对家庭养老的传承与创新,更加强调以老年人为中心,涵盖生活照料、家政服务、康复护理、医疗保健、精神慰藉等方面,以上门服务为主要形式,有利于提升老年人口的生活水平与质量。

(2)竞品分析。

竞品分析见表 5-1。

表 5-1 竞品分析

产　品		主　要　内　容
养老类	养老宝	余额理财服务
	国安养老 APP	通过结合线下国安养老健康屋项目,为社区老人提供专业的医疗、健康、养老等服务。将通过构建老人健康档案来实现老人及其家人对健康情况的跟踪和监测
	养老管家	为中老年人量身定制运动养生、健康管理、书法绘画、声乐教学、乐器学习、健康膳食等近 30 个内容版块
	爱家养老 (已不能使用)	一款预约居家养老服务,为忙碌或"偷懒"的子女们,为渐渐年迈的父母们,提供居家养老生活、健康、安全、关爱等服务
社区服务类	社区邻居 APP	社区邻居 APP 可以第一时间了解跟我们生活息息相关的一些国家新政策和新通知,该 APP 简化了诸如就业、养老、社保等事物的办事流程
	临沂社区 论坛 APP	关注临沂百姓民生、城市发展,提供本地生活资讯、消费购物、打折信息和人际、情感交流的大型网上互动生活家园
	荆门社区手机版	畅聊荆门事、成家立业、畅谈交友、寻求帮助
	"小合帮"	集送餐、清洁、就医陪同、帮扶为一体的老年服务平台,有语音设置和安全定位

对比小结:养老宝能拥有很大的用户群和持续的运营,离不开与中国银行的合作,"小合帮"在后期可以与一些大公司合作,来取得更长久的发展。国安养老 APP 的优势是有线下健康屋的服务项目,这一点,"小合帮"可以在真正实施后可以尝试学习一下,毕竟线下的服务和交流更能使老年人对产品有兴趣。养老类 APP 除了养老宝,其他的 APP 都在 2016 年停止更新,说明在这方面我国还没有一个成熟的养老类 APP,这对"小合帮"来说既是机遇又是挑战。而社区服务类 APP 多为各社区自己的,只适用于所在社区,并没有像"小合帮"这种

全国性的概念。总的来说,"小合帮"是一款有潜力、有市场的 APP。

3. 问卷分析

在目标人群的定位上,小组成员采用观察法、用户访谈法、头脑风暴法、焦点小组法、卡片分析法等方法进行了分析,将目标人群定位在什么年龄段的老人是本项目讨论的重点。从对周围老人的观察来看,55~65 岁之间的老人退休以后身体状况好,一般帮助子女带孩子,不需要购买养老服务,反而可以成为输出养老服务的一方。而 80 岁以上的老人一般身体状况较差,不适合独居,一般会与子女同住,由子女照料,或在养老机构,此类老人也不是本产品的重点目标人群。因此,我们将目标人群定位在 65~75 岁之间的老人,这个年龄段的老年人一般精神状况好,但是身体经常有些不舒服,需要陪护、做饭、家政等养老服务。在此基础上,我们设计了问卷。

学生问卷设计案例:

关于社区养老情况的调查问卷

您好:

感谢您在百忙之中接受我们的访问,我们是武汉轻工大学视觉传达专业的学生,我们调研的课题是有关于老年人社区养老服务 APP 的,目的是为了了解老年人的精神需求,故需要您的支持。本问卷主要用于分析老年人精神需求及界面设计的便捷性。您所提供的信息我们将严格保密,请您认真完成此次调查问卷,谢谢!

1. 您的性别［单选题］＊

○ 男　　　　　　　　○ 女

2. 您的年龄［单选题］＊

○ 55 岁以下　　　○ 55~65 岁　　　○ 66~75 岁　　　○ 75~80 岁　　　○ 80 岁以上

3. 您的居住方式［单选题］＊

○ 单独居住　　　○ 夫妇俩同住　　　○ 与子女同住　　　○ 夫妇俩与子女同住

○ 祖孙同住

4. 您的受教育程度［单选题］＊

○ 未受教育　　　○ 小学　　　○ 初中　　　○ 高中、中专及技校

○ 大专及以上

5. 您是否使用智能手机?［单选题］＊

○ 是　　　　　　　　○ 否

6. 您觉得自己目前的身体健康状况怎么样?［单选题］＊

○ 较差,完全需要别人照顾　　　　　○ 一般,有些事情需要别人照顾

○ 较好,一般不需要别人照顾　　　　○ 很好,还可以照顾别人

7. 目前您生活中的不便有哪些?［多选题］＊

□ 吃饭不方便,生活没有人照料　　　□ 就医不方便,没有定期体检

□ 感到孤独,没有人陪伴,朋友不多　　□ 没有事情可做,觉得生活很无聊

□ 没有不便　　　　　　　　　　　　□ 其他＿＿＿＿＿＿＿＿

8. 您的主要生活来源［多选题］＊

□ 最低生活保障　　□ 离退休养老金　　□ 积蓄投资　　□ 劳务收入　　□ 配偶

□ 子女供养

9. 您喜欢什么样的养老方式?［多选题］＊

□ 居家养老(子女养老)

☐ 居家养老服务(如:家政服务、医疗服务、经常问候、热线咨询、安全检查、应急求助等)

☐ 日托老所(机构养老)

☐ 老年公寓(机构养老)

☐ 福利院、敬老院(城市"三无"老人、农村"五保"老人)

10. 您子女对您的养老方式是什么?[多选题] *

☐ 由子女照顾日常生活　　　　　　　☐ 请家政保姆照料

☐ 住养老院　　　☐ 给生活费　　　☐ 其他＿＿＿＿＿＿＿

11. 生活中让您烦恼的事情主要有哪些?[多选题] *

☐ 起居生活不便　　☐ 家务　　　☐ 经济来源　　　☐ 疾病困扰　　　☐ 独居感到孤单

12. 使用过哪些外卖平台?[多选题] *

☐ 美团　　　☐ 饿了么　　　☐ 百度外卖　　　☐ 其他＿＿＿＿＿＿　　　☐ 从未使用

13. 是否遇见独自就医的情况?[单选题] *

○ 经常遇见　　　○ 偶尔遇见　　　○ 从没有这种情况

14. 是否为独自就餐问题困扰?[单选题] *

○ 经常　　　○ 偶尔　　　○ 从不

15. 您在使用手机或者电子设备时遇到的困难有哪些?[多选题] *

☐ 功能太多　　　　　　　　　☐ 不知道对应的操作在哪

☐ 太复杂需要有人指导　　　　☐ 其他＿＿＿＿＿＿＿

16. 您对手机界面配色的要求[单选题] *

○ 单一色　　　○ 色彩明亮　　　○ 素色为主

17. 您能接受哪一种注册方式?[多选题] *

☐ 手机号码　　　☐ 支付宝注册　　　☐ QQ 关联　　　☐ 微信关联

18. 您希望出现一款针对哪些服务的 APP?[多选题] *

☐ 送餐到家　　　☐ 就医陪同　　　☐ 家政清洁　　　☐ 志愿者关爱服务

☐ 与子女沟通联系　　　　　　☐ 其他＿＿＿＿＿＿＿

最后,再次感谢您的填写!

问卷调查结果卡片分析法如图 5-9 所示。

图 5-9　问卷调查结果卡片分析法

从问卷调查结果统计可以看出,有养老需求的老人基本上年龄在60岁以上,而且大多数老人对养老机构并不满意,希望在熟悉的环境下居家养老。子女因为距离和工作等因素无法陪伴在老人左右,子女对老人的养老方式多是给予生活补贴或请保姆。所以做出一款既能让老人有良好的服务也能有来自子女照顾感觉的APP很有必要。

4. 设计定位

随着老年人口的不断增长,这类未解决的"老年问题",越来越值得我们思考。这是一个庞大的群体。权威调查表明,老人对社会服务需求将持续增加,而据《中国城乡老年人口生存状况追踪调查》显示,2006年中国城市老年人家庭中,空巢老年人家庭比例占49.7%,其中老人独居的空巢家庭占8.3%,夫妻户占41.4%。预计到2030年,我国的空巢老年人家庭比例可能达到90%。高龄老人和空巢老人的不断增多,尤其是其中半自理和完全不能自理老人的数量增加,势必带来巨大的社会服务需求。对于有志于此的服务企业而言,这既是社会责任,也是市场机遇。

(1)目标用户。

我们的服务对象定位在60~75岁的半自理老人;需要送餐、就医陪同等服务的人群;对养老服务需求迫切的人群;无法在老人身边给老人养老帮助的子女。

(2)使用场景(见表5-2)。

表5-2　APP使用场景

用　户	场　景	需　求	产　品
独居老人	无法解决就餐问题	订餐并解决自己要吃什么	送餐功能
子女	无法保证父母就餐符合父母的健康状况	保证餐品健康安全	送餐筛选
	无法确定老人是否处于安全区域内	实时定位	定位服务
	老人支付时容易操作失误	由子女远程代为支付	子女代付功能
老人	无力负担繁重家务	负责、可靠的家政人员	家政护理
	手机界面操作过于复杂	便于操作	语音发布需求
贫困、孤寡老人	需要人员陪护、沟通	积极热情的公益工作者	志愿者帮扶

(3)站点与功能设定。

一级站点(见图5-10)分为:首页、订单、语音输入、消息、我的。

图5-10　一级站点

首页——活动推送、搜索与下单。

订单——已付款、评价和售后。

语音输入——方便老年用户。

消息——查看绑定的亲情账号与其联系;也能与提供服务的对象进行沟通;通知栏会提供优惠信息。

我的——设置与修改个人信息。

"小合"的交互原型设计如图 5-11 所示。

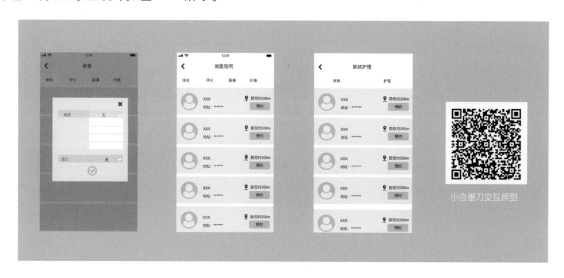

图 5-11　交互原型设计

5. 产 品 品 牌 与 视 觉 设 计

APP 设计名为"小合",旨在服务与贡献社会,宗旨是服务到家、"合家欢乐","小合"标志采用合字为原型,设计后做成圆的结构,我们想把标志做成家的样子,但又能体现来自家人的帮助,是可以体现我们宗旨的,服务到家,让受众既能享受到如同家一般的服务,又能感受到如同家人一样的温暖贴心。

(1) 导入页设计(见图 5-12):以图文结合的方式介绍产品的核心功能。

图 5-12　导入页设计

(2) 产品品牌 logo 与启动页设计(见图 5-13)。

图 5-13　启动页设计

(3) 交互界面设计(见图 5-14)。

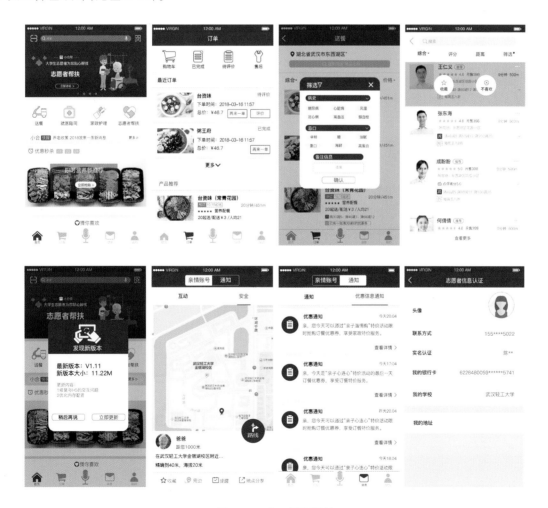

图 5-14　交互界面设计

(4) 界面包装设计(见图 5-15)。

图 5-15　界面包装设计

附录

附录 A　课程安排(64 课时)

章节	主　题	章节内容	课时	作　业
第 1 章	交互界面设计概述	1.交互界面设计的定义 2.交互界面设计的发展历程 3.交互界面设计流程	4	1.分析现有 APP 的使用体验 2.说说日常生活中有哪些不便需求可以通过何种方式解决 3.确定 APP 设计选题
第 2 章	用户研究	1.用户研究内容 2.用户研究常用方法 3.数据分析——卡片分类法 4.角色设计与故事板	4	1.针对目标用户需求的问卷设计 2.问卷发放与卡片分类法分析 3.故事板情境设计
第 3 章	交互设计方法	1.APP 站点图 2.APP 流程图 3.产品需求文档 4.纸膜交互原型	8	1.结合卡片分类法分析出的用户核心需求设定 APP 一级功能,3~5 个 2.下载同类 APP,分析其功能设置与交互流程 3.模拟用户使用流程,对各功能间的跳转与流程进行模拟与优化
第 4 章	品牌与用户界面设计	墨刀可视化交互软件学习	12	1.自学墨刀交互软件 2.对优化调整后的流程进行高保真实现
第 5 章	健康类 APP 交互界面设计案例	1.品牌 logo 与图标设计 2.启动页界面设计 3.导入页交互界面设计 4.底部导航图标设计 5.首页与其他交互界面设计 6.界面包装设计	32	1.优秀界面设计搜集与分析 2.APP 品牌 logo 设计 3.功能图标设计 4.界面设计与规范 5.界面包装设计 6.界面尺寸标注 7.界面切图与命名 8.墨刀高保真交互设计
课程总结			4	PPT 汇报

附录 B　课程任务书(64 课时)

第一阶段　问题分析阶段

1. 问题的提出

从问题出发,列举生活中潜在的用户需求,采用思维导图、列表法、头脑风暴等结构性思考方法,确定小组选题,并归纳出自己选题的起因与缘由,200 字左右。(第一次课前)

2. 问卷设计

掌握问卷设计方法,围绕 APP 产品选题设计问卷,问题在 15～20 个之间,完成后提交。(第一次课堂)

在问卷星上进行问卷发布,并联系他人填写问卷(100 人以上),在问卷星上导出结果分析。(第二次课前)

3. 竞品分析

对问卷结果进行分析、对同类 APP 进行产品分析,找出自己 APP 产品的创新点与机会点。(第二次课堂)

第二阶段 交互设计阶段

①对问卷数据中反映出来的问题进行卡片整理,提出产品的核心价值点。确定典型用户,采用用户模型分析、故事板等方法对产品的使用情景进行分析。(第三次课堂)

②在前期分析的基础上列出 APP 的站点图,并对站点设置进行小组讨论和纸膜演示,验证站点设置的合理性和用户交互流程的顺畅性,并采用用户测试的方法对流程提出优化建议。(第四次课堂)

③根据用户测试反馈意见进行修改以后,采用流程图、低保真纸膜、墨刀交互原型设计等方法确定交互流程。(第五次课堂)

第三阶段 交互界面设计阶段

①收集并分析同类 APP 的界面设计、图标设计风格,并制作成 PPT。(第六次课前)

②根据产品特点与品牌定位,设计产品品牌 logo,并完成启动页设计。(第六次课堂)

③根据 APP 产品的核心价值点,提炼一句广告语,并设计相应图形,进行引导页设计。(第七次课堂)

④完成底部导航图标设计,注意图标设计的系列感以及选中与未选中两种状态的设计方案。(第八次课堂)

⑤完成首页设计,注意首页的颜色搭配与主图的选定。(第九次课堂)

⑥完成其他二、三、四级界面设计,做到每个功能可以一点到底,直至任务完成为止。(第十次、十一次课堂)

⑦完成界面应用规范与界面包装设计。(第十二次课堂)

⑧完成界面标注与切图。(第十三次课堂)

⑨在墨刀中完成设计界面的交互设计并发布。最后对界面设计细节、交互流程进行用户测试,对反馈意见进行修改。(第十四次、十五次课堂)

⑩对整个 APP 产品设计流程进行梳理,并制作完成汇报 PPT,进行课程汇报,小组间互相点评。(第十六次课堂)

附录 C 故事板模板

附录 D   iPhone X、iPhone XR 手机界面网格模板

附录 E   图标设计模板

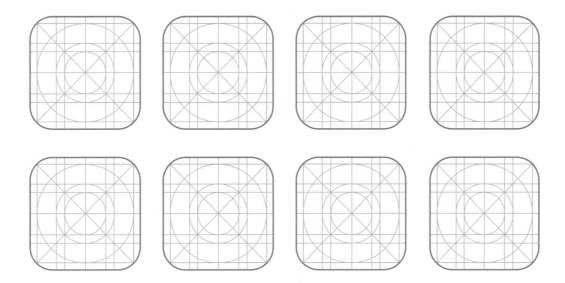

附录 F 界面设计尺寸规范

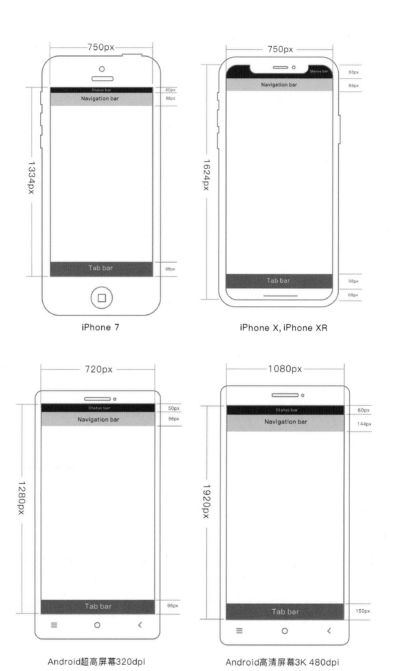

[1] [英]Giles Colborne.简约至上——交互式设计四策略[M].李松峰,秦绪文,译.北京:人民邮电出版社,2011,1.

[2] [美]Andy Pratt＆Jason Nunes.交互设计——以用户为中心的设计理论及应用[M].卢伟,译.北京:电子工业出版社,2015,1.

[3] 无线工坊.方寸指间——移动设计实战手册[M].北京:电子工业出版社,2014(3).

[4] [美]Alan Cooper,Robert Reimann,David Cronin.About Face3 交互设计精髓[M].刘松涛,等,译.北京:电子工业出版社,2008,11.

[5] [英]Dave Wood.国际经典交互设计教程——界面设计[M].孔祥富,译.北京:电子工业出版社,2015,8.

[6] [英]Gavin Allanwood,Peter Beare.国际经典交互设计教程——用户体验设计[M].孔祥富,路融雪,译.北京:电子工业出版社,2015,8.

[7] [英]Jamie Steane.国际经典交互设计教程——交互设计[M].孔祥富,王海洋,译.北京:电子工业出版社,2015,8.

[8] 顾振宇.交互设计——原理与方法[M].北京:清华大学出版社,2016,11.

[9] 戴力农.设计调研[M].北京:电子工业出版社,2016,8.

[10] [德]马克·斯皮斯.品牌交互化设计[M].柳闻雨,译.北京:中国青年出版社,2017,10.

[11] 挪小辣.一个完整的交互设计流程是怎样的? https://www.zhihu.com/question/31140769/answer/106299957.

[12] 张云钱.一套完整的 UED 流程.http://www.woshipm.com/pd/387832.html.

[13] [日]樽本徹也.用户体验与可用性测试[M].陈啸,译.北京:人民邮电出版社,2015,4.

[14] 马振杰.基于用户心理模型的数据分析软件交互研究[D].湖南大学,2012.

[15] 吴昊.基于"需求理论"的用户体验设计合理化研究[D].上海交通大学,2011.

[16] [美]Andy Pratt,Jason Nunes.交互设计——以用户为中心的设计理论及应用[M].卢伟,译.电子工业出版社,2015.1:216.

[17] 周映河.人性化原则在交互设计中的运用[J].艺术科技,2014(4).

[18] 6 步透视网易设计规范,人人都是产品经理.http://www.360doc.com/content/16/0812/08/3852985_582635213.shtml.

参考文献

JIAOHU JIEMIAN SHEJI

结语

JIAOHU JIEMIAN SHEJI

从2014年底编者就一直在进行教材的筹备与编写,2018年初,经过了十多轮的教学实践,终于形成初稿,并向华中科技大学出版社提交,袁冲编辑对于初稿提出了很多修改意见,特别是要求对教材的章节进行精简。在对章节进行精简的过程中,我反复思考着一些问题,作为一本交互界面设计的教材,哪些知识是学生能够理解的,哪些内容能够帮助学生建立用户中心的思维模式,哪些知识是学生必须掌握的。基于这种思考,教材在理论知识讲解上深入浅出,将课堂教学中学生容易产生疑惑的问题进行了理论讲解,如果对哪些知识想深入了解,可以查看参考文献进行进一步阅读。

教材的编写因为完全建立在课程的基础之上,因此对于每次课安排什么内容,要完成什么教学任务规定得十分具体。并且,教材的每个章节最后都给出了作业要求和学生作业案例,帮助学生理解课程内容和自己需要掌握的知识。相比于专业案例,学生作业案例更贴近学生的设计水平,有助于学生对照参考,进行学习。同时本教材也给出了课时安排、设计模板附录等内容,也方便其他老师参考备课。此外,本课程已经立项建成为武汉轻工大学精品资源课程《交互界面设计》,所有课程资料,包括PPT课程、章节教学视频、课程实施方案、学生作业案例等内容均可以在资源网站上找到,本教材也是《交互界面设计》课程建设的配套教材。

教材成稿以后,还受到了陈汗青教授的指导,陈教授对本书提出了多次修改意见。本书第五章健康类APP交互界面设计案例也是在陈教授的建议下专门增设的板块,这与武汉轻工大学艺术与传媒学院的大健康设计建设目标十分一致。此外,由于教材编写跨度时间较长,里面部分案例有时效性问题,也进行了更换,附录部分的设计模板也进行了更新。

教材的出版经历一波三折,终于在"汗青艺术教育奖励基金"的资助下得以出版。特别感谢陈汗青教授的资助,也感谢陈莹燕教授完成本教材部分章节的编写工作。在教材编写过程中,余日季老师、黄隽老师、张大庆老师、张君丽老师、陈倩老师、吕金龙老师和龙燕老师也为本书的撰写提供了宝贵意见,在此也表示深深的感谢。同时也感谢为本书提供优秀学生案例的马璐明、陈盼盼、谭许尧、宋艾花、杨琳、董懿丹、宋孜等同学。本教材还受到了湖北省人文社会科学重点研究基地"湖北大学文化科技融合创新研究中心"资助,在此一并表示感谢。

经过几年的课程教学与实践,学生学习效果明显,教学反馈好,也有很多毕业生投身到交互界面设计工作,这也让笔者甚感欣慰。

康帆

2018年11月于武汉轻工大学